双元制本土化项目成果教材

校企合作
产教融合型课程改革教材

机电一体化系统安装与调试

主　编◎陶洪春　熊如意
副主编◎张　茂　苏绍平

同济大学出版社
TONGJI UNIVERSITY PRESS
·上海·

内容提要

本书基于机电一体化岗位工作任务特点，以完整工作过程和行为导向教学要求为基础，开发了以任务咨讯、工作计划、生产准备、操作实施和产品移交与评价五步法为行为导向教学的工作页。它与学科知识模块相结合，形成了“知识库+工作页”的工作过程系统化的学习领域课程教材，实现了理论知识、实践技能、综合职业能力的多维整合，将工作环境与学习环境有机地结合在一起。本书共有五个项目，每个项目由知识导航和工作页组成，知识导航部分为该项目知识点的讲解，工作页则方便学生在任务咨询中对知识点进行学习理解。项目1选料机构工作台往返控制电路的安装与调试、项目2选料机构工作台电-气动回路的安装与调试、项目3选料机构工作台速度控制电路的安装与调度、项目4选料机构工作台定位控制电路的安装与调试、项目5选料机构工作台触摸屏组态。每个项目相互联系且独立，可根据教学需要进行取舍，项目1和项目2完成选料机构可编程逻辑控制系统电气电路、气动回路的安装与调试任务，旨在让学生通过这两个项目的学习，掌握机电一体系统安装与调试的基本方法；项目3、项目4和项目5在项目1和项目2的基础上进行改装，目的在于提高学生创新创造能力。

本书可以作为高等职业教育装备制造大类相关专业的教材，适用于高等职业院校机电一体化及相关专业。

图书在版编目(CIP)数据

机电一体化系统安装与调试 / 陶洪春，熊如意主编；张茂，苏绍平副主编. -- 上海：同济大学出版社，2025. 1. -- ISBN 978-7-5765-1449-0

Ⅰ. TH-39；TM92

中国国家版本馆 CIP 数据核字第 2024NM6048 号

机电一体化系统安装与调试

主　编　陶洪春　熊如意　**副主编**　张　茂　苏绍平

策划编辑　府晓辉　**责任编辑**　任学敏　**责任校对**　徐逢乔　**封面设计**　渲彩轩

出版发行　同济大学出版社　www.tongjipress.com.cn
（地址：上海市四平路1239号　邮编：200092　电话：021-65985622）

经　销　全国各地新华书店
印　刷　苏州市古得堡数码印刷有限公司
开　本　787mm×1092mm　1/16
印　张　13.25
字　数　260 000
版　次　2025年1月第1版
印　次　2025年1月第1次印刷
书　号　ISBN 978-7-5765-1449-0

定　价　58.00 元

编委会

主　编　陶洪春　熊如意

副主编　张　茂　苏绍平

参　编　刘　飞　王　宏　余　乐

主　审　李鹏忠

前 言

本书是由重庆交通职业学院与重庆渝交自动化技术有限公司合作，通过中德双元制跨企业培训中心平台，将学校的教育资源与企业的实际需求紧密结合开发的双元制本土化教材，体现了校企合作和产教融合的理念。本书将前沿科技与机电一体化工程知识融合，旨在培养学生在机电一体化领域的创新能力与实践技能，基于选料系统项目开发人员岗位工作的任务特点，以完整工作过程为基础，开发了以任务咨询、工作计划、生产准备、操作实施，以及产品移交与评价五步法为行为导向的工作页。它与学科知识模块相结合，形成了“知识库＋工作页”的工作过程系统化的课程教材，实现了理论知识、实践技能、综合职业能力的多维整合，将工作环境与学习环境有机地结合在一起。

本书内容涵盖了选料机构工作台往返控制电路、电－气动回路、速度控制电路、定位控制电路的安装与调试以及触摸屏组态共五个项目，内容由浅入深，旨在使学生全面掌握机电一体化技术的理论与实践。

本书的编写得益于企业的实际案例支持，使学生在学习过程中更容易理解和接触到真实的工程项目，为未来的就业奠定坚实的基础。本书由陶洪春与熊如意任主编，负责组织教学团队进行学习情境开发，他们的丰富经验和深厚造诣为教材的编写提供了坚实基础。由张茂和苏绍平任副主编，由刘飞、王宏和余乐任参编。他们的卓越合作和专业指导确保了教材内容的深入和全面，为学生提供了优质的学习体验。本书由同济大学李鹏忠担任主审，同时在编写过程中还得到了学校其他相关领域专家的指导，确保了教材内容的准确性和全面性。

我们希望本书能够成为学生学习的指南和工具，引导学生走进机电一体化领域，掌握先进技术，培养创新精神，为我国机电一体化领域的发展贡献自己的力量。同时，我们也希望本书能够为全国范围内的高等院校提供借鉴与参考，希望更多高校通过校企合作，结合本土产业，开发符合实际需要的优质本土化教材。我们愿意与各位同仁分享我们的经验和教训，共同促进教育事业的繁荣与进步。

最后，衷心感谢所有参与本书编写的专家、教师和企业代表们的辛勤努力和大力支持。由于编者水平有限，书中难免有不足之处，敬请广大读者批评指正。

编　者
2025 年 1 月

目 录

项目 1 选料机构工作台往返控制电路的安装与调试

1.1 学习要求

1.1.1 知识目标

1. 掌握接触器的工作原理和选用方法；
2. 掌握三相异步电动机正反转控制原理；
3. 掌握安全继电器的工作原理；
4. 掌握电气原理图和电气元件布置图和接线图的绘制方法；
5. 掌握电路检测和工作过程评价的方法。

1.1.2 能力目标

1. 能够根据图纸要求，接受安装任务；
2. 能够收集安装信息，制订工作计划；
3. 能够正确选择器材；
4. 能够正确使用工具，按接线标准对电路进行安装；
5. 能够正确使用仪表对电路进行检测调试；
6. 能够总结安装调试过程，使电路安装调试能力满足企业的要求。

1.1.3 素质目标

1. 能够考虑安全与环保因素，遵守 6S 管理与安全规范；
2. 能够考虑成本因素，养成勤俭节约的良好品德；
3. 通过课后查阅资料完成加强练习，提升信息素养。

1.2 知识导航

1.2.1 三相电动机正反转控制

三相电动机的正反转控制是通过将接至电动机三相电源进线中的任意两相接线对调来实现的。其原理是通过接线对调改变三相电源的相序，从而改变三相电动机定子绕组旋转磁场的方向，拖动电动机转子，改变三相电动机转向。

微课知识点 1.1
三相电动机正反转控制电路

三相电动机的正反转控制被广泛应用于各类机械中，如行车、电刨床、台钻和车床等。

图 1–1 是三相电动机正反转控制的主电路，仅 KM1 主触头接通，电动机接入正序电源，电动机正转；仅 KM2 主触头接通，电动机接入负序电源，电动机反转。KM1、KM2 不能同时接通，否则会引起主电路短路，必须在控制电路中接入互锁触头，以避免主电路出现短路故障。

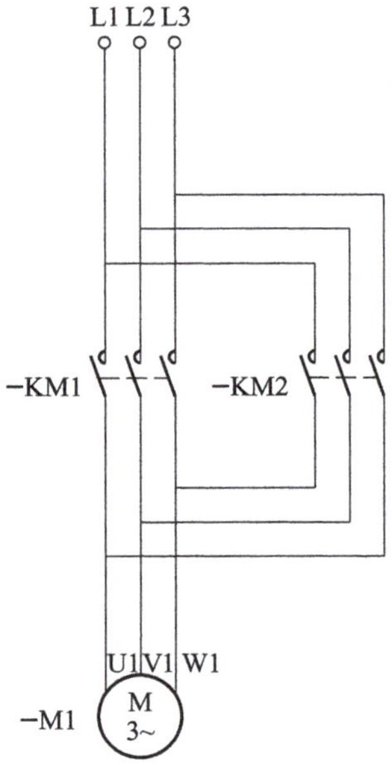

图 1–1　三相电动机正反转控制主电路

1.2.2 接触器

1. 接触器的功能

接触器的功能是以小电流频繁地快速接通或切断大电流回路，即通过接触器线圈接入很小的电流控制串接在主触头上的大电流负载。

2. 接触器的组成

如图 1–2 所示，接触器由电磁机构和触点系统组成。电磁机构包括线圈、静铁芯、动铁芯，其中动铁芯与触点相连；触点系统包括主触点和辅助触点。

3. 接触器的图形符号

接触器各组成部分的图形符号如图 1–3 所示。

微课知识点 1.2
接触器

4. 接触器的型号含义

接触器的型号，如“CJX2–0910 □”，各部分含义如下：

（1）“CJ”表示交流接触器，“C”表示接触器，“J”表示交流；

（2）“X”表示小型；

（3）“2”表示设计序号；

（4）“09”表示额定工作电流为 9A；

（5）“10”表示带有一常开辅助触头；

（6）最后一位表示线圈电压代号，如 Z 表示直流控制，交流控制则无代号。

另外，触头类型还有："01" 为带有常闭辅助触头；"11" 为带有常开—常闭辅助触头；"004" 为 4 常开主触头；"008" 为 2 常开 2 常闭主触头。

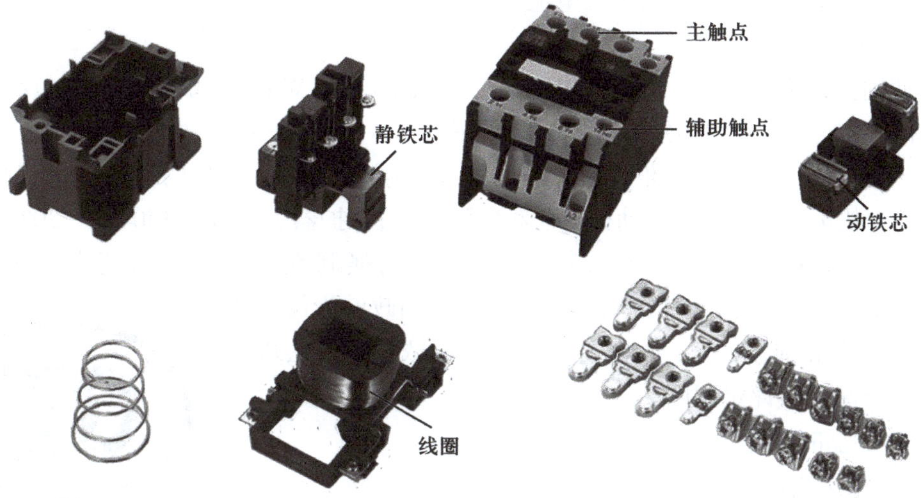

图 1-2　接触器组成

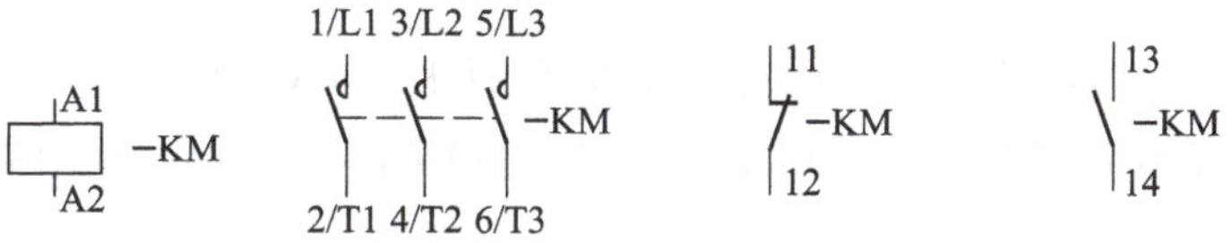

（a）线圈　（b）主触点　（c）常闭辅助触点　（d）常开辅助触点

图 1-3　接触器图形符号

5. 接触器的铭牌

接触器的铭牌示例如图 1-4 所示。

（1）U_i：绝缘电压，为 690 V。

（2）I_{th}：约定发热电流，即接触器在约定的工况或是 8 小时工作制下，各部件的温度升高极限值不超过规定极限值所能承载的最大电流。

（3）AC-X：使用类别。

AC-1：用于阻性负载的接通与断开。

AC-2：用于绕线电动机的启动、分断起重机、压缩机、提升机等。

AC-3：用于鼠笼电动机的启动、停止、制动，接通 2～3 倍额定电流或断开额定电流。

AC-4：用于鼠笼电动机的频繁启动、停止，接通 4～6 倍额定电流或断开 2～3 倍额定电流。

AC-6a：控制变压器的通断。

AC-6b：控制电容器的通断。

AC-7a：控制家用电器和类似用途的低感负载。

接触器的使用类别多为 AC-3 和 AC-4。

CJX2-09交流接触器

U_i=690 V		I_{th}=20 A		
	U_e/V	220	380	380
AC-3	I_e/A	9	9	3.3
	P_e/kW	2.2	4	1.4

符合标准：GB 14048.4

图 1-4　交流接触器铭牌

（4）额定值。

U_e：额定电压。

I_e：额定电流（通过主触头上的电流）。

P_e：额定功率。

当使用类别为 AC–3 且用于单相负载时，可拖动 2.2 kW 的负载；用于三相负载时，可拖动 4 kW 负载。当使用类别为 AC–4 时，可拖动 1.4 kW 的三相负载。

（5）接触器应符合的标准为《低压开关设备和控制设备　第 4–1 部分：接触器和电动机起动器　机电式接触器和电动机起动器（含电动机保护器）》（GB/T 14048.4—2020）。

（6）3C 认证，如图 1–5 所示，其全称为“中国强制性产品认证”，英文名称 China Compulsory Certification，英文缩写 CCC。它是中国政府为保护消费者人身安全和国家安全、加强产品质量管理、依照法律法规实施的一种产品合格评定制度。

图 1–5　3C 认证图标

6. 接触器的线圈

1）线圈接线端

接触器线圈的接线端为 A1、A2。

2）线圈标志

（1）字母标志：表示接触器线圈电压等级，包括 B（24 V）、C（36 V）、D（42 V）、E（48 V）、F（110 V）、M（220 V）、P（230 V）、U（240 V）、Q（380 V）、V（400 V）、R（440 V）、S（500 V）、Y（660 V）。

（2）数字标志：表示接触器线圈的工作频率，包括 5（50 Hz）、6（60 Hz）、7（50 Hz 和 60 Hz）。

7. 接触器的选用

接触器作为通断负载电源的设备，其选用应按满足被控制设备的要求进行，除应保证额定工作电压与被控设备的额定工作电压相同外，被控设备的负载功率、使用类别、控制方式、操作频率、工作寿命、安装方式、安装尺寸以及经济性都是选择的依据。

为了使接触器不会发生触头粘连烧蚀，延长其寿命，接触器要躲过负载启动最大电流，还要考虑到启动时间的长短等不利因素，因此要对接触器通断运行的负载进行分析，根据负载电气特点和此电力系统的实际情况，对不同的负载启停电流进行计算校合。

（1）控制电热设备用交流接触器的选用

电热设备有电阻炉、调温设备等，其电热元件负载中用的绕线电阻元件，接通电流可达额定电流的 1.4 倍，如果考虑到电源电压的升高等，电流还会变大。此类负载的电流波动范围很小，其使用类别为 AC–1，操作也不频繁，选用接触器时只要按照接触器的约定发热电流 I_{th} 等于或大于电热设备工作电流的 1.2 倍即可。

（2）控制照明设备用的接触器的选用

照明设备的种类很多，不同类型的照明设备，其启动电流和启动时间也不一样。此类负载的使用类别为 AC–5a 或 AC–5b。如果启动时间很短，可选择其约定发热电流 I_{th} 等于照明设备工作电流的 1.1 倍。启动时间较长以及功率因数较低，可使其约定发热电流

I_{th} 比照明设备工作电流大一些。

（3）控制电焊变压器用接触器的选用

当接通低压变压器负载时，变压器因为二次侧的电极短路而出现短时大电流，并在一次侧出现较大电流，其可达额定电流的 15～20 倍，它与变压器的绕组布置及铁心特性有关。电焊机频繁地产生突发性的强电流，从而使变压器的初级侧的开关承受巨大的应力和电流，因此必须按照变压器的额定功率下电极短路时一次侧的短路电流及焊接频率来选择接触器，即接通电流大于二次侧短路时一次侧电流。此类负载的使用类别为 AC–6a。

（4）电动机用接触器的选用

电动机用接触器根据电动机使用情况及电动机类别可分别选择使用类别 AC–2 至 AC–4。启动电流为 6 倍额定电流、分断电流为额定电流下可选用 AC–3。如风机水泵等，可采用查表法及选用曲线法，根据样本及手册选用，不用再计算。

选取接触器容量时，若是阻性负载，按接触器容量的 80% 计算；若是电机一类的感性负载，接触器的额定电流应是电机额定电流的 1.5～2 倍或更大一些。

1.2.3 安全继电器

微课知识点 1.3
安全继电器

安全继电器并不是“没有故障的继电器”，而是发生故障时做出有规则动作的继电器，它具有强制导向接点结构，万一发生接点熔结现象时也能确保安全，这一点与普通的继电器完全不同。

安全继电器是一个安全回路中不可缺少的控制部分，它接受安全输入，通过对内部回路的判断，输出开关信号到设备的控制回路里。简单地说，安全继电器都是双通道信号型，只有两个通道信号都正常时，安全继电器才能正常工作；在工作过程中，只要其中任一通道信号断开，安全继电器都会停止输出，直到两个通道信号都正常且复位后才能正常工作。

对安全回路的要求如下：

（1）在紧急停止解除时，机器不能出现突然再启动；

（2）机器安全电路发生故障时，可以停止机器动力电源；

（3）安全电路发生故障时，机器不能再启动。

图 1–6 所示为 PILZ PNOZ X3 安全继电器。它的端子分为电源端 A1、A2，接交流 24 V 电源；安全触点 13—14、23—24、33—34、41—42，用于连接需要安全控制的设备；安全输入接点 S11—S12、S21—S22、S31—S32，用于判断设备是否处于安全工作状态；重置接点 S13—S14、S33—S34，用于安全隐患排除后，重新启动安全继电器。

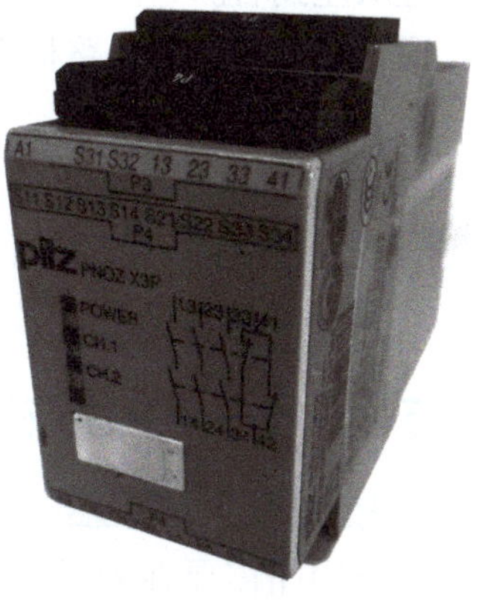

图 1–6　PILZ PNOZ X3 安全继电器

1.2.4 电气电路安装接线规定

微课知识点 1.4
电气电路安装
接线规定

以下规定是依据国家标准《自动化仪表工程施工及质量验收规范》(GB 50093—2013)、《电气装置安装工程盘、柜及二次回路接线施工及验收规范》(GB 50171—2012)修订而成。

1. 布线

布线应横平竖直。不同电压等级的导线应分开走线,信号传送线与电源线应分开走线。从元器件接线点到布线槽,不能拉得太紧,要有一定的弧度,必须与布线槽垂直。有多层导线时,同一层的导线必须要在同一平面,不能交叉。电源线连接时,应遵从电源上进下出的原则接线。

2. 接线点

一个接线点最多接两根导线,当出现两根导线颜色不同时,以主电路为主。接线点必须压紧。

3. 导线压接

线头露铜长度不能超过 2 mm,不要把导线胶皮压在接线点里,线头必须拧紧,不能有毛刺。

4. 端子排

按钮盒、电机、电源进线、行程开关等远离电气安装板的装置或部件必须走端子排。

5. 导线颜色

导线颜色规定:L1 为黄色,L2 为绿色,L3 为红色,N 为淡蓝色,PE 为黄绿双色。

6. 按钮颜色

停止和急停按钮为红色,起动按钮为绿色,点动按钮为黑色,起动与停止交替按钮为黑色、白色或灰色(不能为红色和绿色)。复位按钮为蓝色,当兼有停止作用时,必须用红色。

7. 号码管

号码管的管径应与所穿导线线径一样,不可出现大管径号码管穿小线径导线的情况。

号码管的标号方向:垂直放置时,标号读取方向应从下到上;水平放置时,标号读取方向应从左到右。

同一块电气控制电路板上的号码管中,相同规格的号码管长度及字体要一致。

8. 压接预绝缘端子

(1)压接管形预绝缘端子,规格要和导线一致,如 1.5 平方米的导线要用 1.5 规格的预绝缘端子;压接时选择专用压线钳。

(2)压接 U 形预绝缘端子,压接时选择专用压线钳。

1.2.5 机电一体化系统调试方法

微课知识点 1.5
机电一体化系统
调试方法

1. 按照图纸检查回路

检查回路需要在未送电状态下进行。一般 PLC 系统的图纸包含柜内图纸和柜外图纸两部分。柜内图纸指柜子内部的接线图;柜外图纸是所有接出电气柜的接线图。需要检查的内容:图纸设计是否合理,包括各种元器件的容量等；元器件是否严格按照图纸连接。

在检查过程中，需要注意检查电源：一是确保回路没有短路；二是确保强弱电没有混到一起。PLC 电源电压为 24 V，一旦因为接线错误导致 220 V 接入 PLC 中，很容易烧毁 PLC 或拓展模块。

2. 通电前测试

送电前应对 PLC 系统作绝缘电阻测试和 PE 线导通性测试，以保证设备使用安全。

微课知识点 1.6
各项检查与测量

3. 检查机械设备

检查机械结构是否紧固，气缸安装是否紧固，伸缩是否正常，电动机类负载是否有相应保护，避免因意外导致的事故出现。

4. 检查 PLC 外部回路

电源确认完毕后送电，测试输入输出点，即俗称的“打点”。

输入输出点需要逐个进行测试，包括操作按钮、急停按钮、电感式与电容式等传感器。对于输入点，按下按钮或传感器有检测信号时观察 PLC 对应输入端指示灯，指示灯亮表明该输入回路连接正确。对于输出点，可通过程序使输出端逐个输出信号，以输出信号驱动对应的指示灯、电磁阀等负载，观察输出信号是否驱动了对应的负载。发现接线错误应立即处理。

注意：将程序备份后须清空 PLC 中的程序或将程序禁用，避免因测试导致设备动作。

5. 调试手动模式以及相关逻辑关系

手动模式也可称为半自动模式，指通过按钮或 HMI 的按钮等驱动设备，是与自动状态对应的。手动模式的测试可以将自动模式按照操作人的意愿分解，方便测试程序。

本步骤的功能是在设备运行状态下测试急停、安全光栅等安全功能是否起到相应作用。

6. 根据生产工艺调试自动模式

调试自动模式需要根据生产工艺测试各种连锁，包括逻辑连锁、安全连锁等，且要测试多个工作循环，以确保系统能正确无误地连续工作。

7. 特殊工艺的调试

在完成上述逻辑调试后，可着手调试模拟量、脉冲量控制，选定合适的控制参数。

8. 预生产

在完成上述全部调试后应进行预生产，预生产是生产前的工作检测，在该阶段可以配合生产进行一些特殊的调试，例如测试是否满足生产节奏，以及带载情况下安全功能还能否起作用等。

1.2.6 6S 管理

1. 6S 管理的概念

6S 管理即整理（Seiri）、整顿（Seiton）、清扫（Seiso）、清洁（Seiketsu）、素养（Shitsuke）、安全（Security）六个项目。因其内容的日文罗马标注发音或英文单词都以“S”开头，所以简称为 6S。

微课知识点 1.7
6S 管理

2. 6S 管理的具体内容

（1）整理（Seiri）：在工作场所中留下必需的物品，清理非必需的物品。其目的为活用空间，防止误用，保持工作场所的整洁。

（2）整顿（Seiton）：把必要的物品依规定位置摆放，并放置整齐加以标识。其目的为减少寻找物品所需的时间，消除过多的积压物品。

（3）清扫（Seiso）：将工作场所清扫干净。其目的为稳定品质，减少工业伤害。

（4）清洁（Seiketsu）：将整理、整顿、清扫制度化，保持环境处于整洁的状态。其目的为维持上述 3S 成果。

（5）素养（Shitsuke）：使工作人员养成良好的习惯，遵守工作规范。其目的为促进良好工作习惯的养成。

（6）安全（Security）：重视安全教育，树立安全观念，防患于未然。其目的为建立安全生产的环境。

1.2.7 作业现场安全标识

1. 禁止标识

作业现场的禁止标识如图 1-7 所示。

2. 警告标识

作业现场的警告标识如图 1-8 所示。

3. 指令标识

作业现场的指令标识如图 1-9 所示。

微课知识点 1.8
作业现场安全标识

(a) 禁止吸烟　(b) 禁止烟火　(c) 禁止用水灭火　(d) 禁止放置易燃物
(e) 禁止启动　(f) 禁止合闸　(g) 禁止转动　(h) 禁止靠近
(i) 禁止入内　(j) 禁止穿戴钉鞋　(k) 禁止触摸　(l) 禁止饮用

图 1-7　作业现场禁止标识

(a) 注意安全　(b) 当心火灾　(c) 当心爆炸　(d) 当心腐蚀

(e) 当心中毒　(f) 当心感染　(g) 当心触电　(h) 当心微波

(i) 当心机械伤人　(j) 当心夹手　(k) 当心高温表面　(l) 当心低温

(m) 当心磁场　(n) 当心电离辐射　(o) 当心激光　(p) 当心夹脚

图 1–8　作业现场警告标识

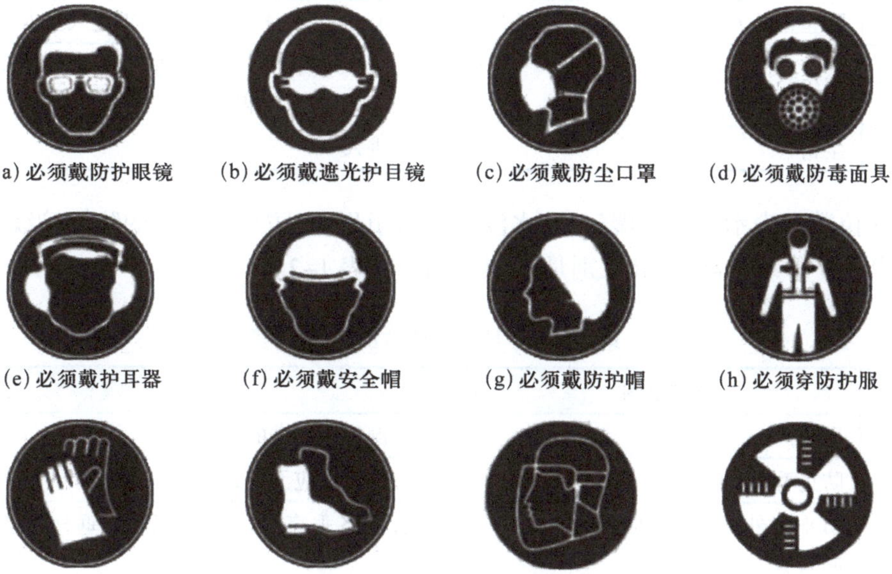

(a) 必须戴防护眼镜　(b) 必须戴遮光护目镜　(c) 必须戴防尘口罩　(d) 必须戴防毒面具

(e) 必须戴护耳器　(f) 必须戴安全帽　(g) 必须戴防护帽　(h) 必须穿防护服

(i) 必须戴防护手套　(j) 必须穿防护鞋　(k) 必须戴防护面罩　(l) 注意通风

图 1–9　作业现场指令标识

4. 提示标识

作业现场的提示标识如图 1–10 所示。

(a) 紧急出口　　(b) 击碎板面　　(c) 应急电话

图 1-10　作业现场提示标识

1.2.8　IP 防护等级

IP 防护等级系统是由国际电工委员会起草，将电器依其防尘防湿气之特性加以分级。根据《外壳防护等级（IP 代码）》（GB/T 4208—2017）规定，IP 防护等级是由两个数字所组成的。

微课知识点 1.9
IP 防护等级

第 1 位数字表示防止接近危险部件和防止固体异物进入的防护等级，最高级别是 6，具体内容见表 1-1。

表 1-1　第一位数字所表示的防止固体异物进入的防护等级

数字	防护范围	说明
0	无防护	对外界的人或物无特殊的防护
1	防止直径大于 50 mm 的固体异物	直径 50 mm 的球形物体试具不得完全进入壳内
2	防止直径大于 12.5 mm 的固体异物	直径 12.5 mm 的球形物体试具不得完全进入壳内
3	防止直径大于 2.5 mm 的固体异物	直径 2.5 mm 的物体试具完全不得进入壳内
4	防止直径大于 1.0 mm 的固体异物	直径 1.0 mm 的物体试具完全不得进入壳内
5	防尘	不能完全防止尘埃进入，但进入的灰尘量不得影响设备的正常运行，不得影响安全
6	尘密	无灰尘进入

第 2 位数字表示电器防湿气、防水浸入的密闭程度，防止水进入的防护等级，数字越大表示其防护等级越高，最高级别是 9，具体内容见表 1-2。

表 1-2　第二位数字所表示的防止水进入的防护等级

数字	防护范围	说明
0	无防护	对水或湿气无特殊的防护
1	防止垂直方向滴水	垂直方向滴水应无有害影响
2	防止当外壳在 15° 倾斜时垂直方向滴水	当外壳的各垂直面在 15° 倾斜时，垂直滴水应无有害影响
3	防淋水	当外壳的垂直面在 60° 范围内淋水，无有害影响
4	防溅水	向外壳各方向溅水无有害影响
5	防止喷水	向外壳各方向喷水无有害影响
6	防止强烈喷水	向外壳各方向强烈喷水无有害影响

续表

数字	防护范围	说明
7	防短时间浸水影响	浸入规定压力的水中经规定时间后外壳进水量不致达有害程度
8	防持续浸水影响	按生产厂和用户双方同意的条件（应比特征数字为 7 时严酷）持续潜水后外壳进水量不致达有害程度
9	防高温 / 高压喷水的影响	向外壳各方向喷射高温 / 高压水无有害影响

1.3 工作页

1.3.1 任务描述

丝杆工作台上装有一个取件部件，取件部件将料仓内的工件取出后，工作台移动到指定地点将工件放下，然后重新返回料仓位置取件。工作台由三相异步电动机通过减速机构带动，如图 1–11 所示。图 1–12 为工作台示意图。

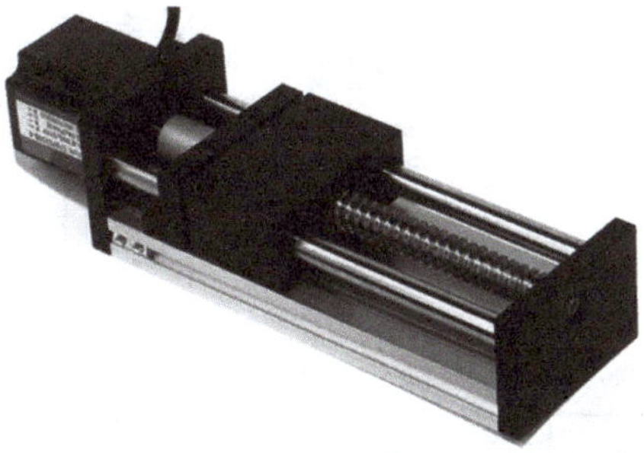

图 1–11　丝杆工作台

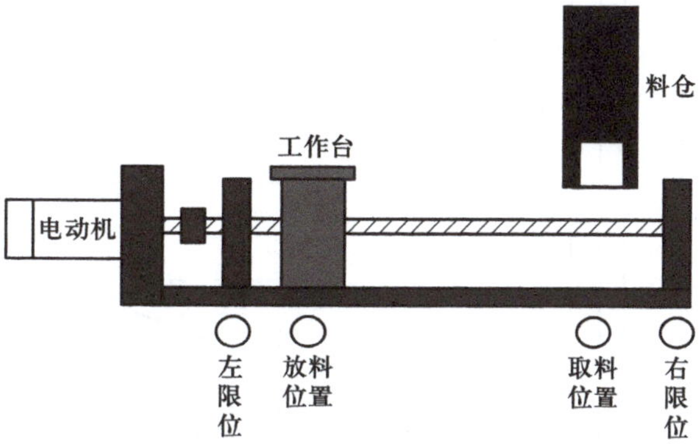

图 1–12　工作台示意图

1.3.2 任务要求

图 1–13 ~ 图 1–19 为工作台往返控制电路，本任务要求根据工作台控制电路，按标准进行电路的安装与调试。

为完成任务要求，请按以下步骤完成工作任务。

（1）根据任务描述进行任务资询，完成相关引导问题；

（2）根据任务描述，正确识读图 1–13 ~ 图 1–19；

（3）根据任务要求选择接触器、传感器等元器件；

（4）根据选料机构示意图安装元器件，并贴好元器件标识；

（5）根据电路图按标准安装电路；

（6）检查机械机构，不应出现卡顿情况；

微课知识点 1.10
选料机构工件台往返控制电路图的识读

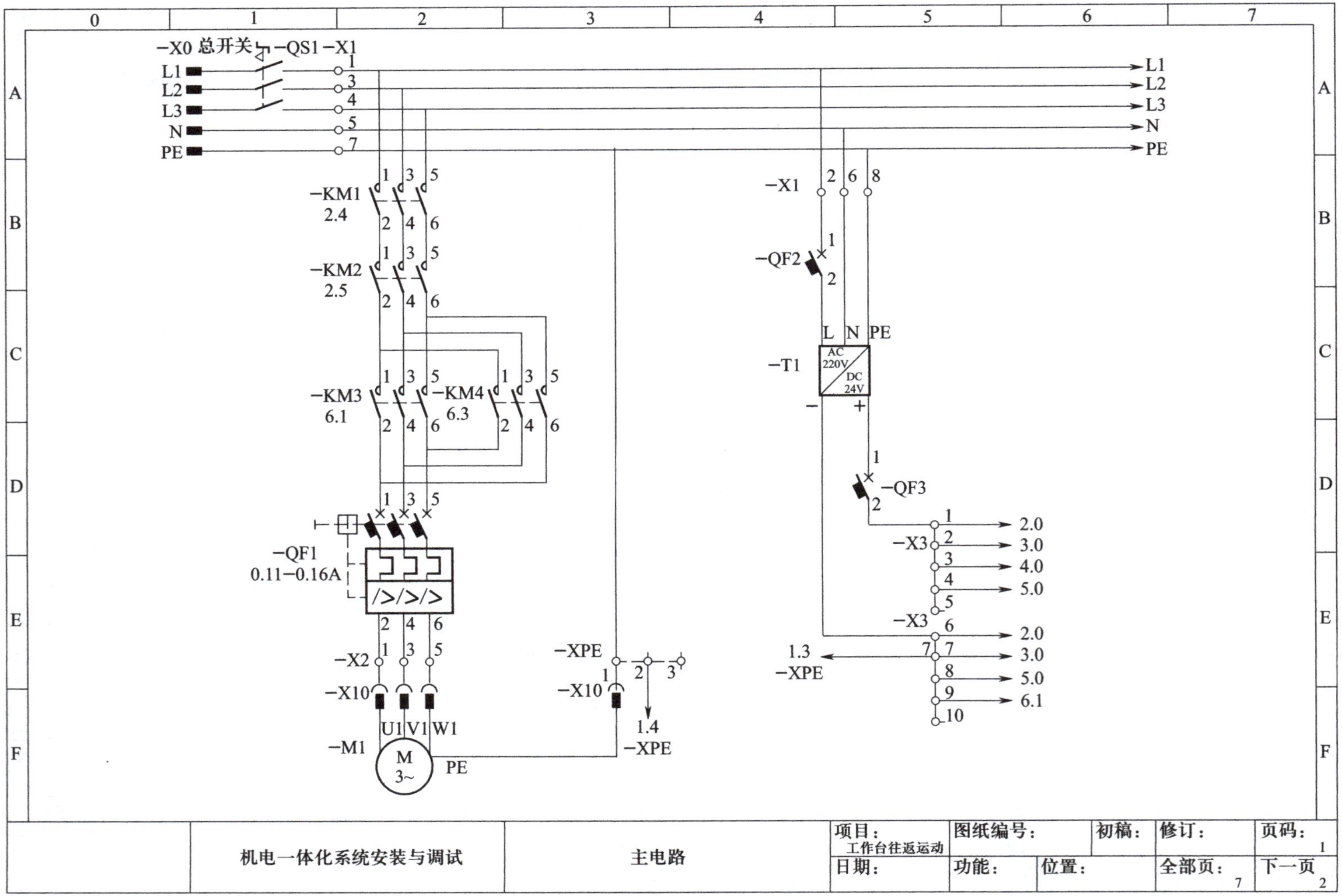

图 1-13　工作台往返控制电路——主电路

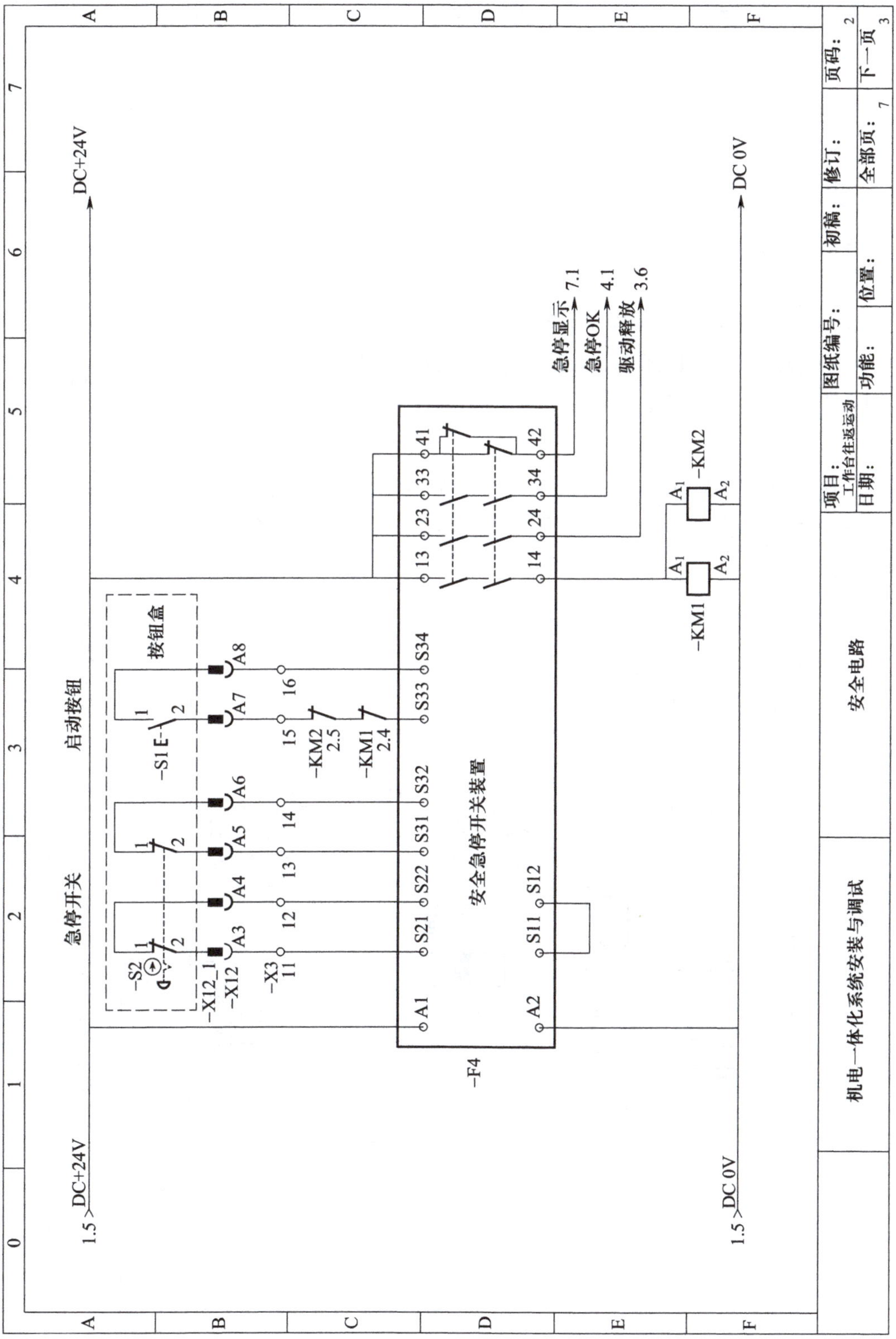

图 1-14　工作台往返控制电路——安全电路

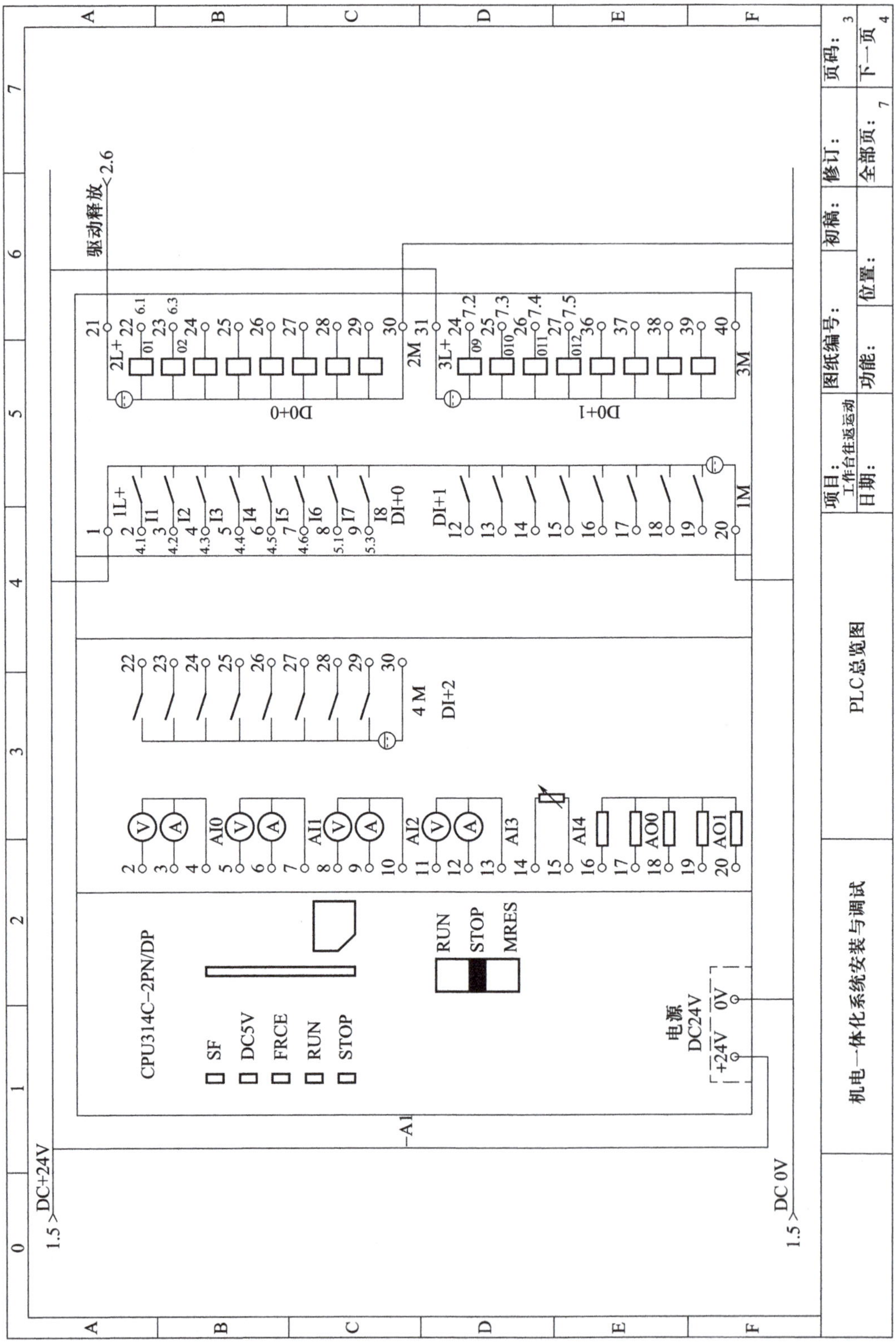

图 1-15　工作台往返控制电路——PLC总览图

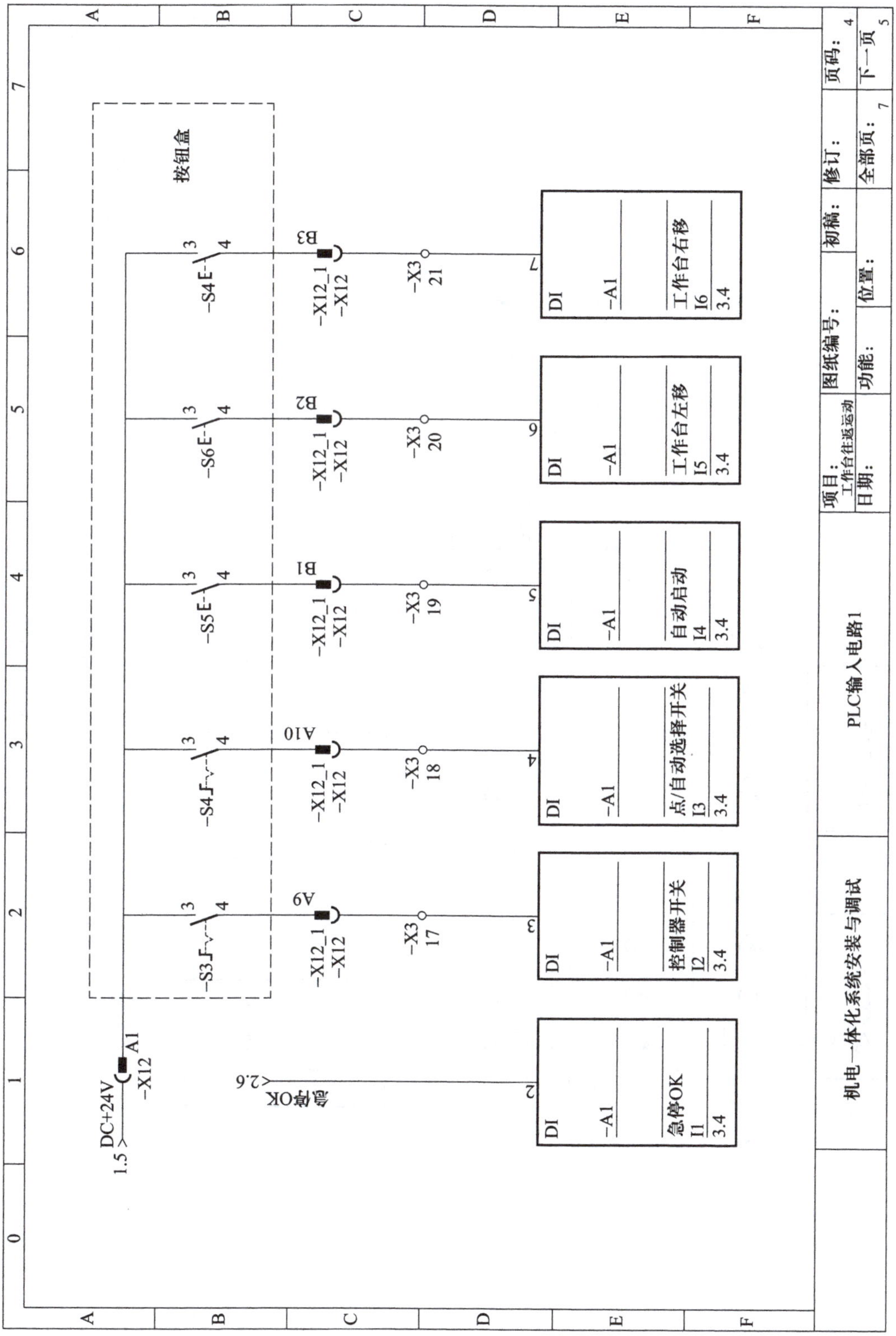

图 1-16　工作台往返控制电路——PLC 输入电路 1

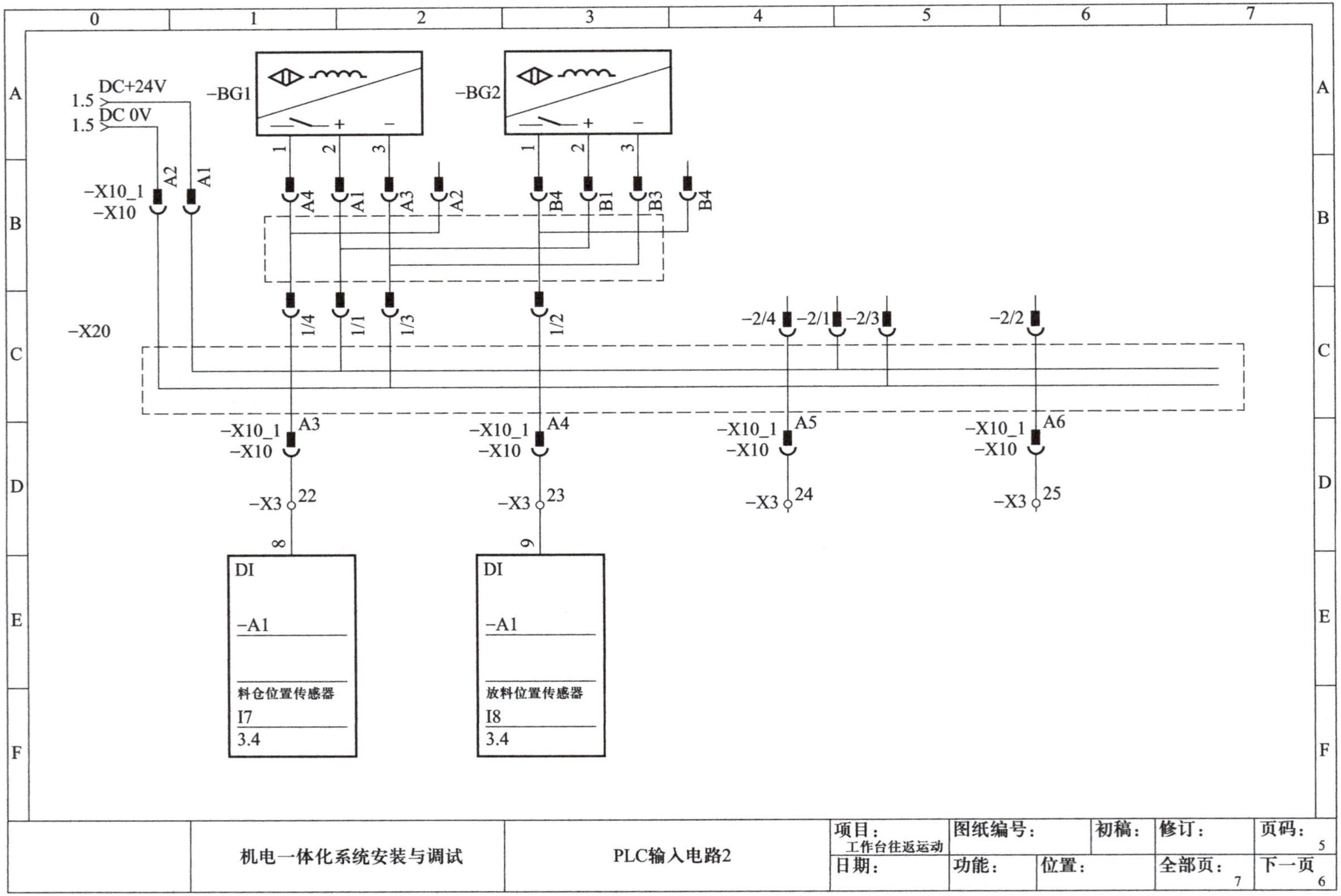

图 1-17　工作台往返控制电路——PLC 输入电路 2

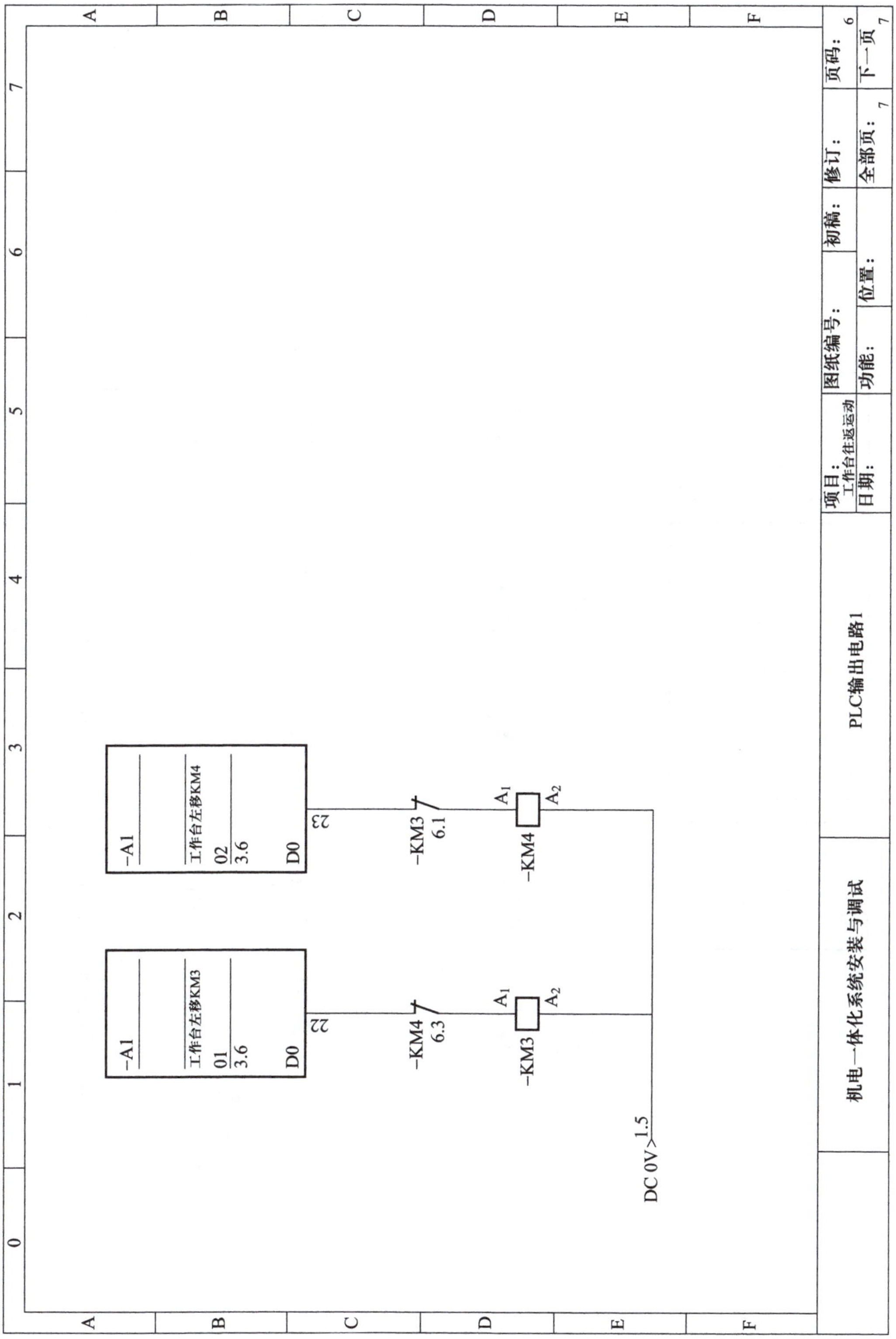

图 1-18　工作台往返控制电路——PLC 输出电路 1

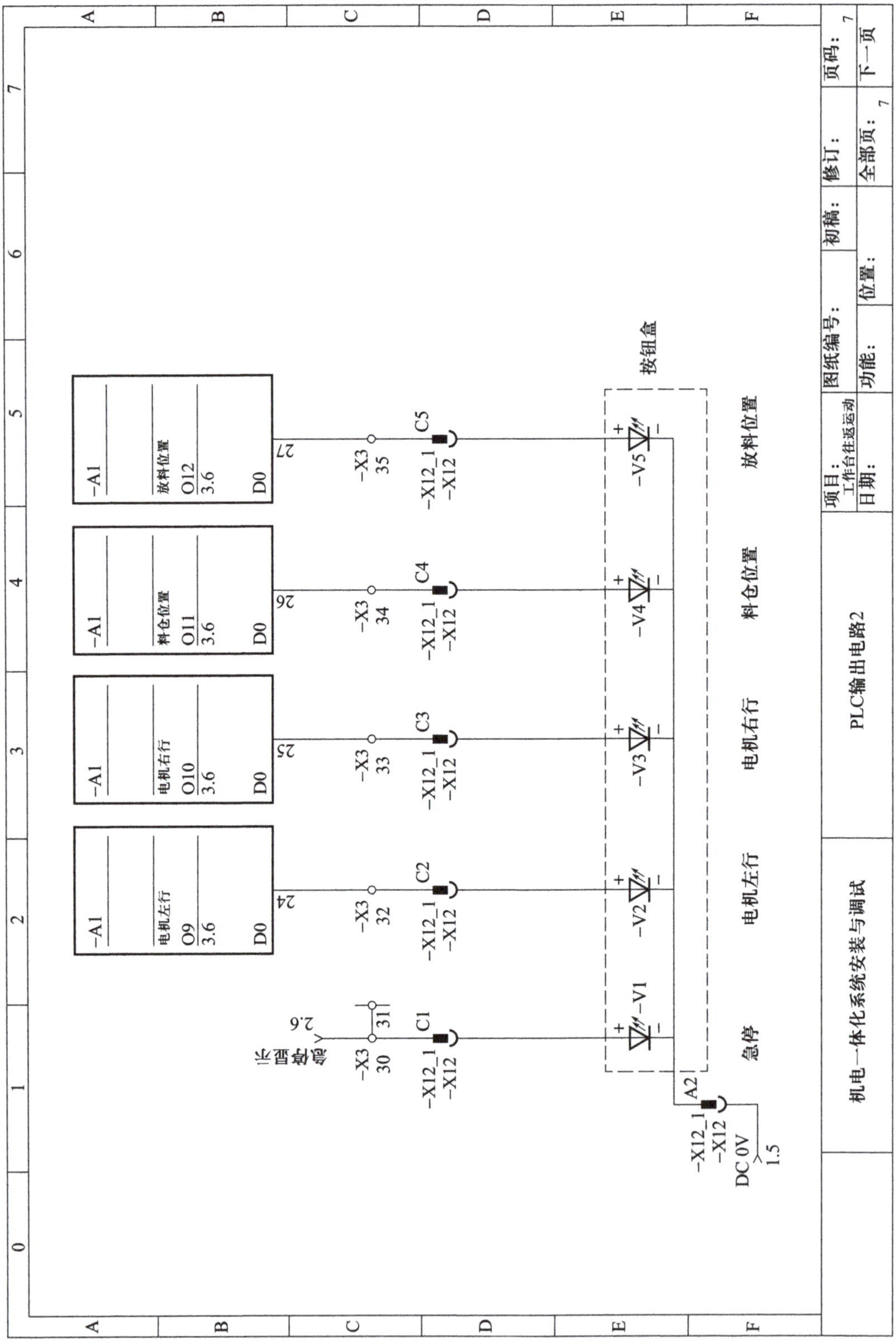

图 1-19 工作台往返控制电路——PLC 输出电路 2

（7）检测电路，使其满足通电条件；

（8）根据任务要求编写 PLC 控制程序并调试；

（9）系统调试；

（10）产品移交。

1.3.3 工作过程

1. 任务引导

引导问题 1: 识读三相异步电动机正反转控制线路接线图（图 1–20，图 1–21），说明其工作原理。

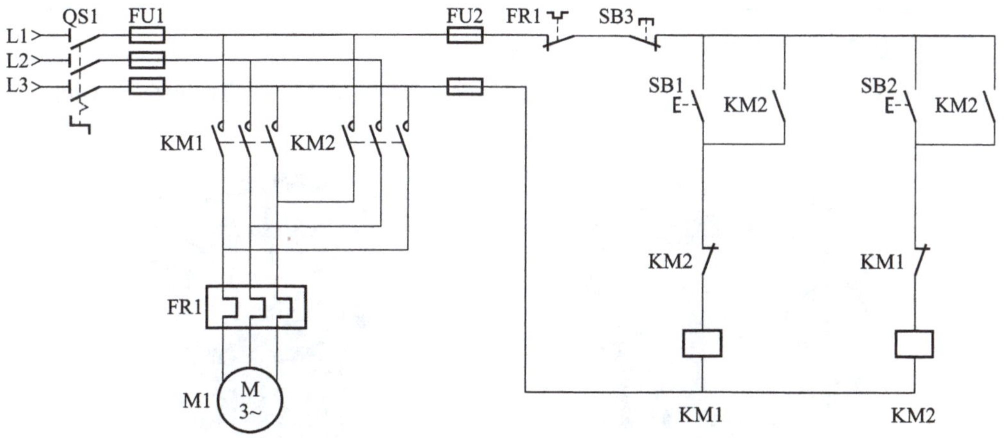

图 1–20　继电器正反转控制电路

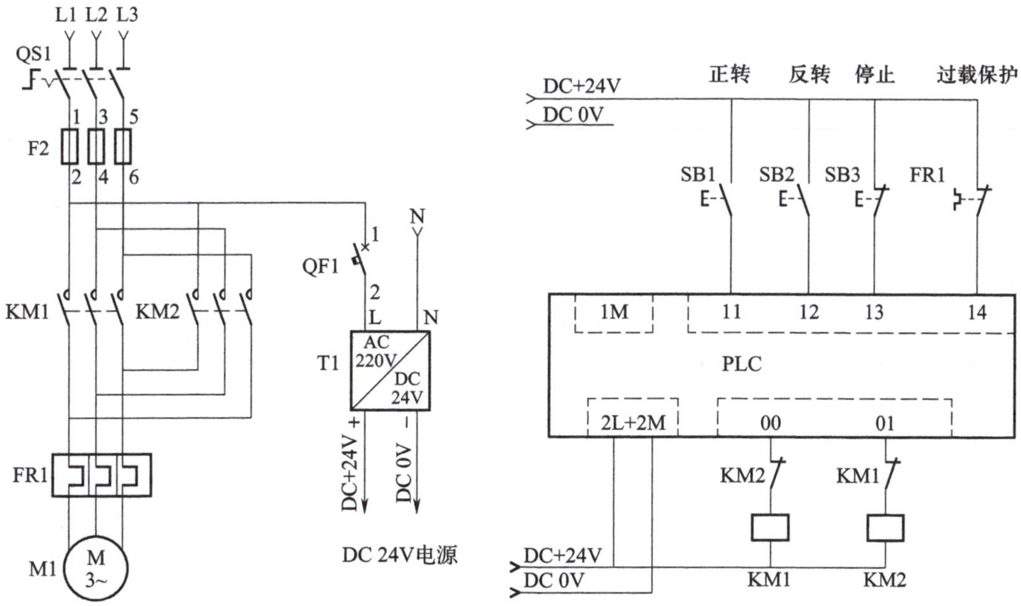

图 1–21　PLC 正反转控制电路

引导问题 2: 了解接触器,并完成以下内容。

（1）比较交流接触器与直流接触器实物（图 1–22）,写出它们的相同点和不同点。

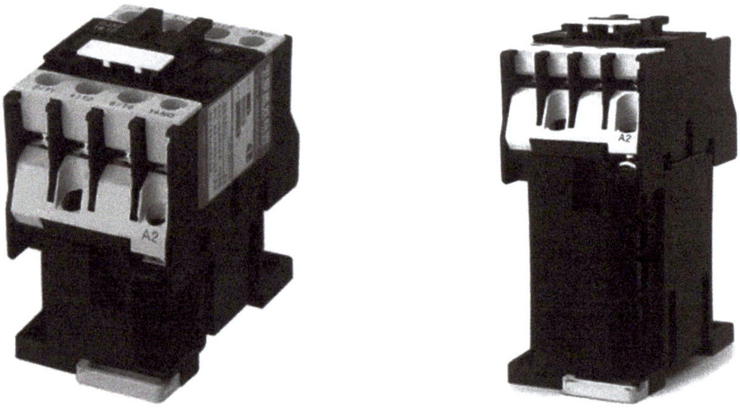

(a) 交流接触器　　(b) 直流接触器

图 1–22　接触器外观

（2）画出接触器的图形符号。

（3）写出接触器铭牌（图 1–23）各符号的含义。

CJX2–25

交流接触器

U_i=690 V		I_{th}=40 A
U_e	AC–3	
	I_e	P_e
380 V	25 V	11 kW

GB/T 14048.4

图 1–23　交流接触器铭牌

（4）怎么选用接触器？

引导问题 3: 了解西门子 S7-300 PLC（图 1-24），并完成以下内容。

图 1-24　西门子 S7-300 PLC

（1）写出 S7-300 PLC 的型号 CPU314C-2P 的含义。

（2）写出 S7-300 PLC 各状态指示灯的名称及状态显示含义。

（3）写出 S7-300 PLC 存储器结构。

（4）将按钮、传感器（PNP 型）、指示灯、接触器线圈正确连接到示意图上（图 1-25），保证 PLC 输入输出正常工作。

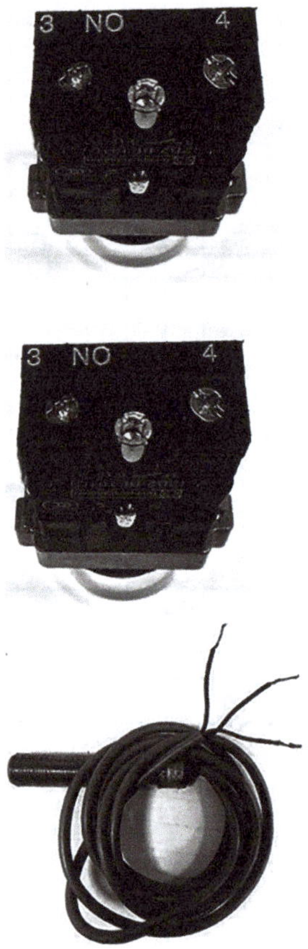

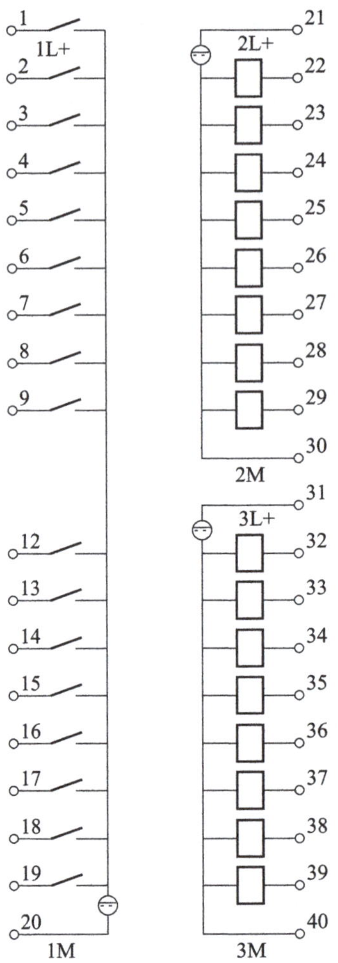

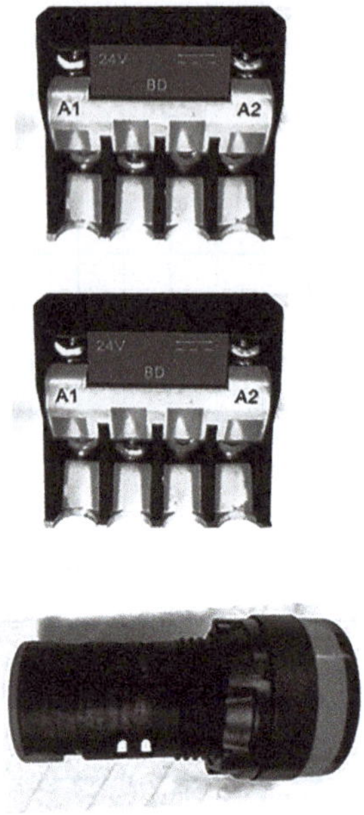

图 1-25　CPU314C-2PN/DP 端子盖板上的接线示意

（5）选择 S7-300 PLC 的编程软件，如图 1-26 所示。

图 1-26　各类工程软件

引导问题 4：了解安全继电器。

安全继电器用于监控紧急停车、安全门、光栅、光幕、双手控制等许多安全功能，作为________防护装置，减少危险发生的可能，以创造更安全的工作环境。

图 1-27 是________品牌的安全继电器，其面板上的“POWER”指示灯亮表示________；CH.1 和 CH.2 指示灯亮表示________。

分析任务要求中的控制电路，安全继电器上的 A1 和 A2 分别接 24 V 直流电源的________极和________极，当重置回路接通，即 S33、S34 接通，则安全继电器的安全输出触点 “13—14” “23—24” “33—34” 接通，使得________线圈得电，PLC 输出点 “O1—O8” 的电源 “L+” 接通________，PLC 的输入点________接通，输入点灯亮。

当按下急停按钮 SB2，即断开________、________安全输入回路，使安全输出触点 “13—14” “23—24” “33—34” 断开，即断开 PLC “O1—O8” 的电源 “L+”，“O1—O8” 此时没有输出信号。

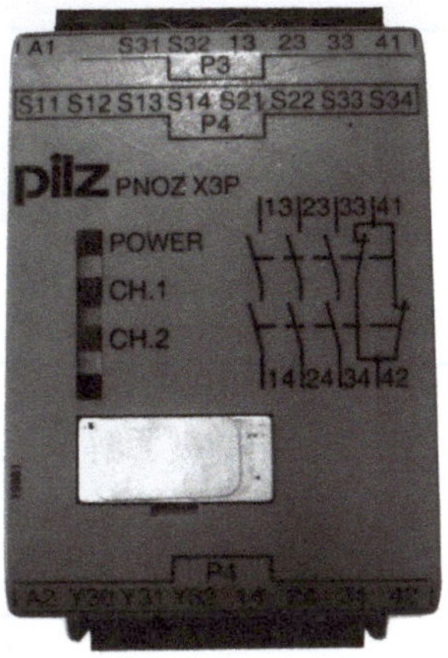

图 1–27　安全继电器

引导问题 5：了解各种插接件。

表 1–3 中的图例是机电一体化系统中常用插接件，观察图例并在右侧空白处填写对应内容。

表 1–3　插接件

	名称	
	作用	
	安装方法	
	注意事项	
	名称	
	作用	
	安装方法	
	注意事项	
	名称	
	作用	
	安装方法	
	注意事项	
	名称	
	作用	
	安装方法	
	注意事项	

	名称	
	作用	
	安装方法	
	注意事项	

引导问题 6: 了解电感式接近开关,如图 1–28 所示,完成以下内容。

图 1–28　电感式接近开关

（1）画出电感式接近开关的图形符号。

（2）怎么选用接近开关?

引导问题 7: 在任务要求电路图中将 DC 0 V 接入 PE 线,这种连接方式是什么?请描述其相关工作机理。

2. 工作计划

（1）填写分工表

根据任务要求，由组长组织小组成员讨论，合理分工，并填写表 1–4。

表 1–4　任务分工

序号	组员姓名	组员任务分工	备注

（2）填写小组成员工作计划表

根据小组成员任务分工，对任务内容进行细化，提出工作要求和完成工作时间，制订对应的工作计划，并填写表 1–5。

表 1–5　工作计划

序号	工作内容	完成时间	工作要求	负责人	备注

续表

序号	工作内容	完成时间	工作要求	负责人	备注

（3）列出工具、仪表、器材清单

根据任务内容，统计完成任务所需的工具、仪表和器材，并填写表 1–6 ~ 表 1–8。

表 1–6　工具统计

序号	名称	型号	规格	数量	备注

表 1–7　仪表统计

序号	名称	型号	规格	数量	备注

表 1–8　器材统计

序号	名称	型号	规格	数量	备注

续表

序号	名称	型号	规格	数量	备注

(4) 成本预算

明确企业生产涉及的成本因素，有利于过程质量管理，在表 1-9 中列举电气设备生产加工涉及的成本因素，参照规模化生产标准，查找计算办法，并向团队的其他人介绍成本计算结果。

表 1-9　成本预算

序号	项目	价格	备注

续表

序号	项目	价格	备注

（5）绘制安装与布线图

根据控制柜或控制盘，绘制电气控制系统的元器件安装布局图，并绘制电气连接的布线示意图。

（6）制订计划

制订电气安装工艺计划，明确安装标准。

（7）设计 PLC 程序方案

根据工作台往返控制要求，设计 PLC 控制程序并记录。

① 填写 I/O 分配表（表 1–10）。

表 1–10　I/O 分配

序号	符号地址	操作数	注释

② 编写 PLC 程序。

3. 生产准备

（1）检查与决策

安装控制电路前，进行关键工艺技术的检查、决策，按表 1–11 中的要点执行。

表 1–11　生产准备检查

序号	决策点	请决策	
1	控制柜元件布局图是否科学	是○	否○
2	接线图是否正确	是○	否○
3	布线工艺是否符合标准	是○	否○

续表

序号	决策点	请决策	
4	工具准备已完成	是○	否○
5	仪器准备已完成	是○	否○
6	材料准备完善、合理	是○	否○
7	工位整理已确认	是○	否○
8	元件清查已完成	是○	否○
9	PLC 程序方案已完成	是○	否○
10	场室使用要求已明确	是○	否○
11	劳动保护达到要求	是○	否○

(2)问题记录

若准备工作存在问题,请写明原因。

4. 操作实施

按工作步骤进行系统安装与调试，并在相应表格中记录安装与调试结果。

（1）工作步骤 1：对元器件进行检查

对本项目中所用到的所有元器件做目测检查，确定每一个检查点是否有问题，并在表 1–12 中记录检查结果。注意该检查应在不通电的情况下进行。

表 1–12　元器件检查记录

序号	检查点	正常		备注
		是	否	
1	元器件齐全			
2	元器件安装牢固			
3	元器件没有损坏			
4	元器件全部进行了标识			
5	元接触器触点未粘连、卡顿			

（2）工作步骤 2：对执行机构进行检查

对工作台进行目测检查，确定每一个检查点是否有问题，并在表 1–13 中记录检查结果。注意该检查应在不通电的情况下进行。

表 1–13　执行机构检查记录

序号	检查点	正常		备注
		是	否	
1	机械部件安装牢固			
2	丝杆工作台活动自如			
3	左右限位开关能通过工作台切换			
4	传感器安装位置合适，不会与工作台发生碰撞			

（3）工作步骤 3：对电气线路进行检查

对电气电路进行目测检查，确定每一个检查点是否有问题，并在表 1–14 中记录检查结果。注意该检查应在不通电的情况下进行。

（4）工作步骤 4：电路通电前的检测

在电路通电前应对电路进行接地保护线导通性检测和绝缘电阻的检测，以保证电路通电后的安全，在表 1–15 中记录测量值并判断测量值是否正常。注意该检查在不通电的情况下进行，且电路中有电子元器件需要测量绝缘电阻之前拆下其接线。

表 1-14　电气线路检查记录

序号	检查点	正常		备注
		是	否	
1	按电路图纸进行电路连接			
2	导线没有损坏			
3	导线线径选择正确			
4	导线颜色选择正确			
5	号码管规范			
6	插接件连接牢固			
7	传感器按专业要求安装			
8	导线连接规范整洁			
9	PE 线连接符合专业要求			

表 1-15　电阻测量记录

序号	测量项目	检查关键点	测量值	规定值	测量值正常
1	绝缘电阻	L1—L2			是○　否○
2		L1—L3			是○　否○
3		L2—L3			是○　否○
4		L1—N			是○　否○
5		L2—N			是○　否○
6		L3—N			是○　否○
7		L1—+24 V			是○　否○
8		L2—+24 V			是○　否○
9		L3—+24 V			是○　否○
10		N—+24 V			是○　否○
11	PE 线导通性	电源插头—控制柜门			是○　否○
12		电源插头—安装底板			是○　否○
13		电源插头—执行机构			是○　否○

（5）工作步骤 5：测量电压

在电路电阻测量正常后，方可通电。系统通电后应测量其电源电压及 DC 24 V 电压是否正常，并将测量结果记录到表 1-16 中。

表 1–16　电压测量记录

序号	测量项目	检查关键点	测量值	规定值	测量值正常
1	电源电压	L1—N			是○　否○
2		L2—N			是○　否○
3		L3—N			是○　否○
4	DC 24 V 电压	X3：1—X3：6			是○　否○

（6）工作步骤 6：测量相位

测量 –X10 上的相位，并将测量结果记录在表 1–17 中。

表 1–17　相位测量记录

测量项目	检查关键点	测量值	
电源相位检测	–X10	正相○	反相○

（7）工作步骤 7：系统功能检查

操作系统按钮，实现其功能运行，确定每一功能点是否存在问题，并将检查结果记录到表 1–18 中。

表 1–18　系统功能检查

序号	检查点	正常		备注
		是	否	
1	检查急停开关功能			
2	检查手动运行方式：按下右行按钮，工作台运行到取料位置停下			
3	检查手动运行方式：按下左行按钮，工作台运行到放料位置停下			
4	检查自动运行方式：按下自动运行按钮，工作台自动往返运行			

（8）工作步骤 8：编写用户使用手册

编写用户使用手册，明确产品功能和操作步骤，写明产品可能出现的操作问题及解决方法。

5. 产品移交及评价

产品安装调试完成后，参照表 1–19 指标向指导教师提交作品及资料，指导教师评价学生学习成果。

表 1–19　项目评分

移交目录	技术要求	技术标准	分值	得分	权重
产品	布线	平直、不交叉、不跨接	1.5		0.4
	元器件安装	同类型元件处理紧凑	1		
	元器件选择	型号、规格正确无误	0.5		
	连线	牢固、线头处理正确、接线正确	1.5		
	号码管	放置方向、标志正确	1		
	部件标识	标识正确、醒目	1		
	安装板面	板内无线头、螺丝等，器件面无灰尘	0.5		
	功能	通电测试，完成急停开关功能	0.5		
		通电测试，完成手动功能	1		
		通电测试，完成自动功能	1.5		
			合计 1		

续表

移交目录	技术要求	技术标准	分值	得分	权重
技术资料	任务引导	资料完成情况	4		0.4
	工作计划	资料完成情况	2		
	生产准备	资料完成情况	1		
	操作实施	资料完成情况	3		
			合计 2		
现场	工位整理	工具摆放	5		0.2
		垃圾处理	5		
			合计 3		
			总分		

6. 总结与提高

（1）工作总结

① 制作小组工作结果展示材料，进行展示汇报，总结收获、不足和改进措施。

② 记录本次任务所接触到的知识。

（2）思考与提高

① 在本次任务中要实现左右限位保护，请画出左右限位开关的接线图。

② 在通电调试中,如果电动机不能反转,试分析可能的原因是什么,如何检查?

项目 2 选料机构工作台电 - 气动回路的安装与调试

2.1 学习要求

2.1.1 知识目标

1. 掌握气动系统的基本构成；
2. 掌握电磁换向阀、气缸等气动元件的基本结构和工作原理；
3. 掌握电 - 气动原理图的分析方法；
4. 掌握电 - 气动回路的检测和工作过程评价的方法。

2.1.2 能力目标

1. 能够根据图纸要求，接受安装任务；
2. 能够收集安装信息，制订工作计划；
3. 能够正确选择器材；
4. 能够正确使用工具、按接线标准对电路进行安装；
5. 能够正确使用仪表对电 - 气动回路进行检测调试；
6. 能够总结安装调试过程，使电路安装调试能力满足企业的要求。

2.1.3 素质目标

1. 能够考虑安全与环保因素，遵守 6S 管理与安全规范；
2. 能够考虑成本因素，养成勤俭节约的良好品德；
3. 通过课后查阅资料完成加强练习，培养学生信息提取能力；
4. 通过电气动回路图的绘制，提出改进电 - 气动回路的新想法，培养创新思维；
5. 通过对气缸及工作台运动的调试，确保安装与调试过程中的人员安全，树立安全第一的思想。

2.2 知识导航

2.2.1 气动系统的构成

由气动系统图(图 2-1)可知,气动系统主要由气源部分、控制部分、执行部分组成。

气源部分为气动系统提供压力足够,清洁、干燥的压缩空气,其中气泵的作用主要是为整个气动系统提供压缩空气,这是气动系统能够正常工作的前提条件;气动三联件通常指的是空气过滤器、减压阀和油雾器这三种气源处理元件的组合,气动三联件在气动系统中的作用是过滤空气去除压缩空气中的杂质,调节和稳定压缩空气的压力,提供压缩空气中的润滑油雾,对气动元件进行润滑。

微课知识点 2.1
气动系统的构成

控制部分包括电磁换向阀、单向节流阀等为执行机构提供速度、方向控制的压缩空气。

执行机构由气缸等构成,为机械机构提供直线往返、旋转等运动力矩。

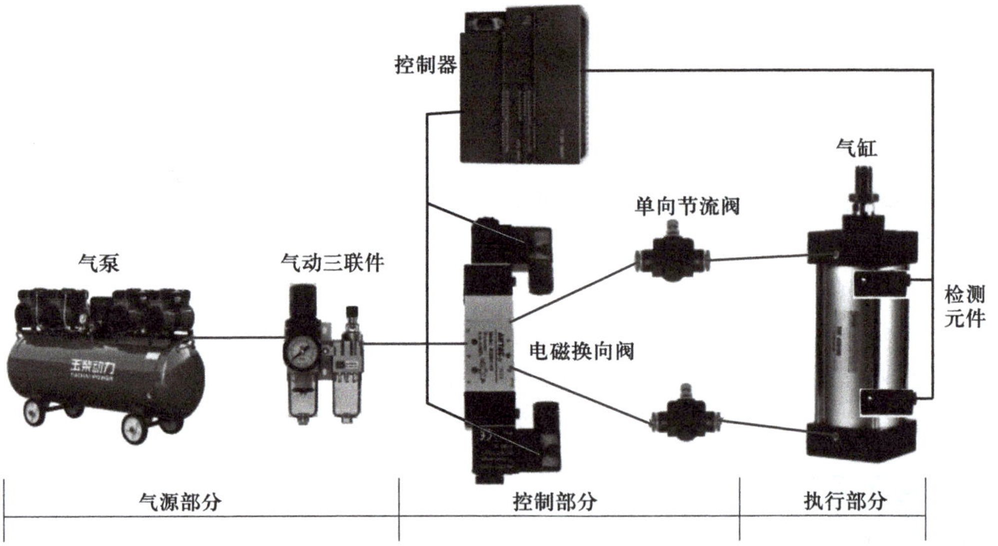

图 2-1 气动系统

2.2.2 电磁换向阀

图 2-2 为电磁换向阀的结构,主要由手动调试按钮、线圈、A 出气孔、B 出气孔、R 排气孔、P 进气孔、S 排气孔、平面安装孔、汇流板安装孔与线圈组成。

微课知识点 2.2
电磁换向阀

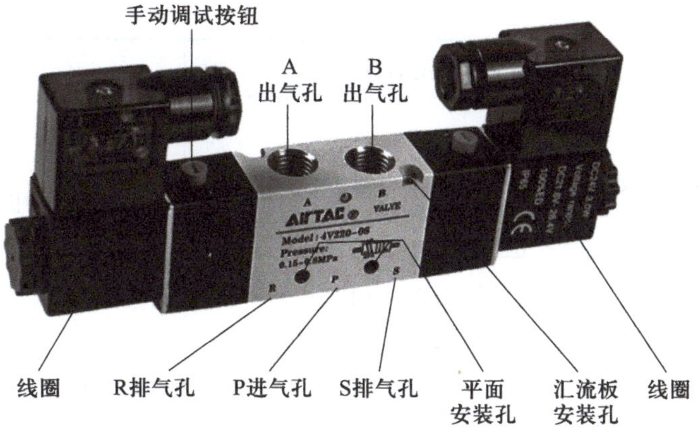

图 2-2　电磁换向阀结构

电磁换向阀分为单电控和双电控两种；按动作位置及气口数量又分为二位二通、二位三通、二位四通、二位五通、三位五通等。电磁换向阀的线圈电压主要有 DC 24 V 和 AC 220 V。如果需要气缸（执行器）中间停止，则使用三位五通电磁阀。图 2-3 是单电控和双电控电磁换向阀的外形，表 2-1 列出了常见电磁换向阀及图形符号。

(a) 单电控电磁换向阀　　(b) 双电控电磁换向阀

图 2-3　电磁换向阀外形

表 2-1　常用电磁换向阀

序号	名称	图形符号	应用
1	二位二通换向阀	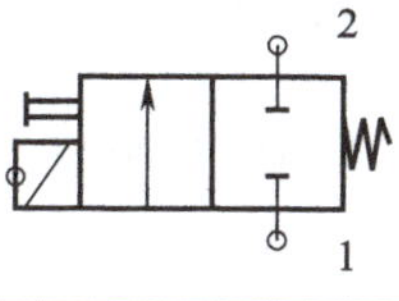	气路开关，总阀等
2	二位三通换向阀，常闭式	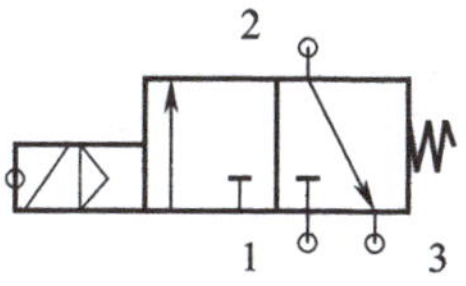	常用于单作用气缸的控制
3	二位三通换向阀，常开式	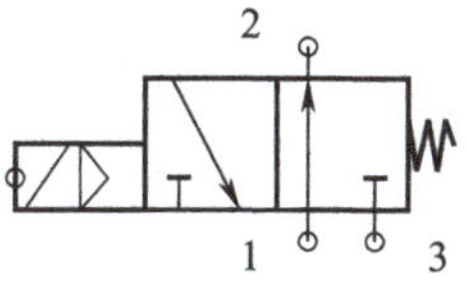	常用于单作用气缸的控制

续表

序号	名称	图形符号	应用
4	二位五通换向阀，双电控先导式，带手动	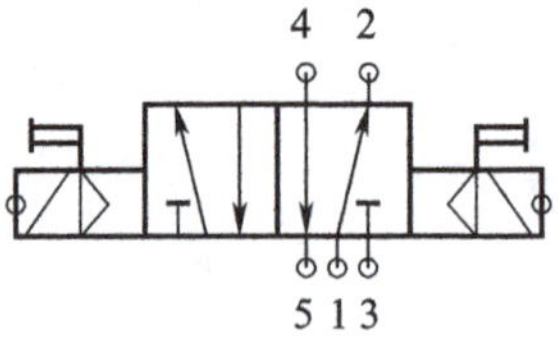	常用于双作用气缸的控制，无固定位置
5	三位五通换向阀，双电控先导式，中封式，带手动	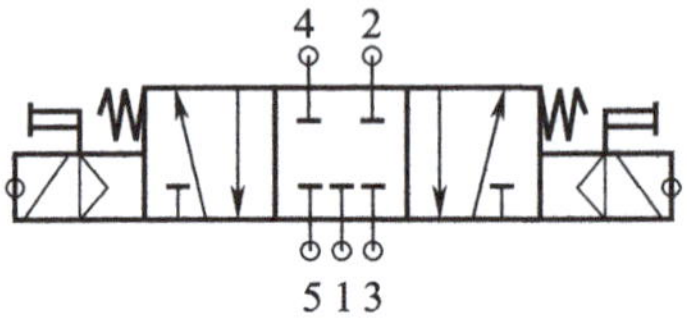	能使气缸定位在行程中间任何位置，但因为阀本身的泄漏，定位精度不高。常用于双作用气缸的控制，当气缸垂直安装并要求保压控制时建议选用中封式
6	三位五通换向阀，双电控先导式，中压式，带手动	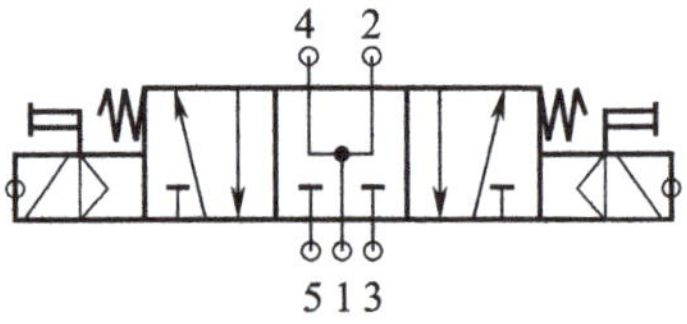	中位时进气口与两个出气口同时相通，因单杆气缸活塞两端作用面积不相等，故活塞杆仍然会向前伸出，所以常用于双作用无杆或双杆气缸的控制，当要求保压控制时建议选用中压式
7	三位五通换向阀，双电控先导式，中泄式，带手动	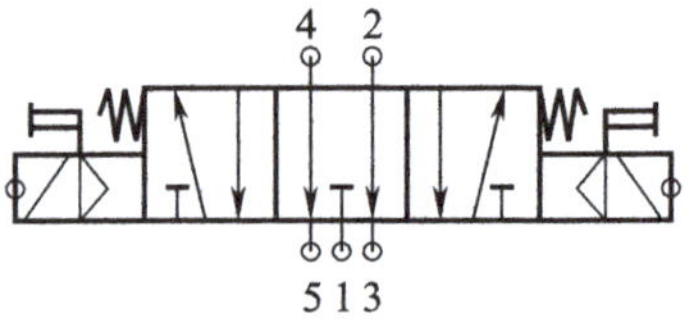	中位时两个出气口与排气口相通气缸活塞杆可以任意推动。常用于双作用气缸的控制，当要求泄压控制时建议选用中泄式

图 2-4 为亚德客 5 V 电磁换向阀型号含义。

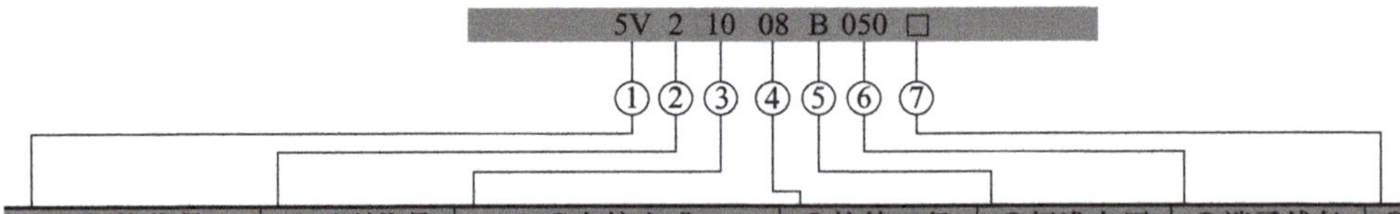

①规格代号	②系列代号	③电控方式	④接管口径	⑤标准电压	⑥端子线长	⑦牙型代码
5V：五口二位、五口三位电磁网	1:100系列 2:200系列 3:300系列 4:400系列	10:双位置单电控 20:双位置双电控 30C:三位置双电控中位封闭型 30E:三位置双电控中位排气型 30P:三位置双电控中位压力型	M5:M5 06:1/8″ 06v1/8″ 08:1/4″ 08:1/4″ 10:3/8″ 15:1/2″	A:AC220V B:DC24V C:AC110V E:AC24V F:DC12V	050:0.5m 200:2.0m	无此代码 空白:PT牙

图 2-4　亚德客 5 V 电磁换向阀型号含义

电磁换向阀选型的步骤如下。

(1) 根据控制气缸类型选择电磁阀

单作用气缸,选择二位三通电磁换向阀。

双作用气缸,选择二位五通电磁换向阀或三位五通电磁换向阀。

例:使用双作用气缸,不保压,因此选用二位五通电磁换向阀。

(2) 计算气缸的最大耗气量 Q

根据气缸缸径 D、最大移动速度 V_{max}、使用压力 P 来计算气缸最大耗气量 Q,具体公式如下:

$$Q=0.046\,2D^2V_{max}(P+0.102)$$

式中:Q 为气缸最大耗气量,单位 L/min;D 为气缸缸径,单位 cm;V_{max} 为气缸活塞最大移动速度,单位 mm/s;P 为使用压力,单位 MPa。

(3) 计算流通能力 C_v

流通能力 C_v 与最大耗气量 Q 的关系式为 $Q=984C_v$。

(4) 根据 C_v 值选择电磁换向阀

查看样品手册,根据"电磁换向阀 C_v 值(或流通面积)≥计算所得 C_v 值(或流通面积)"来选择相应的电磁换向阀。

(5) 选择电气规格

① 线圈电压:DC 24 V, AC 110 V 和 AC 220 V。

② 引线形式:直接出线式, DIN 插座式。

(6) 选择配管形式

配管形式分为直接配管型和底板配管型,如图 2-5、图 2-6 所示。

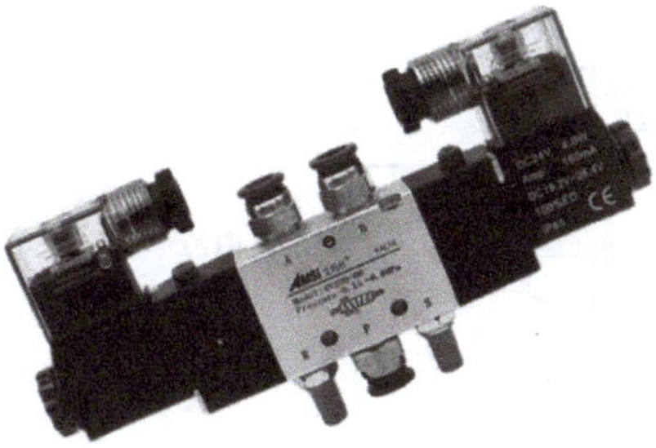

图 2-5 直接配管型

图 2-6 底板配管型

(7) 选择配管口径

每个电磁阀都有它的配管口径,有些会有一个以上的口径尺寸供选择,表 2-2 列出了 PT 螺纹对应的配管口径。

表 2-2　PT 螺纹配管口径

配管口径										
配管口径	英寸规格	1/8	1/4	3/8	3/8	3/4	1	$1_{1/4}$	$1_{1/2}$	2
	毫米规格	6	8	10	15	20	25	32	40	50
对应 PT 螺纹		PT1/8（1 分）	PT1/4（2 分）	PT3/8（3 分）	PT1/2（4 分）	PT3/4（6 分）	PT1（1 英寸）	$PT1_{1/4}$（1 英寸 2 分）	$PT1_{1/2}$（1 英寸 4 分）	PT2（2 英寸）

2.2.3　单向节流阀

单向节流阀是来控制气体的流量大小，进而控制执行器运动速度的元件，如图 2-7 所示，其图形符号如图 2-8 所示。单向节流阀上有两个端口，螺纹端口可直接连接到气缸上，快插端口直接连接气管，旋钮用来调节气量大小。

微课知识点 2.3
单向节流阀

图 2-7　单向节流阀

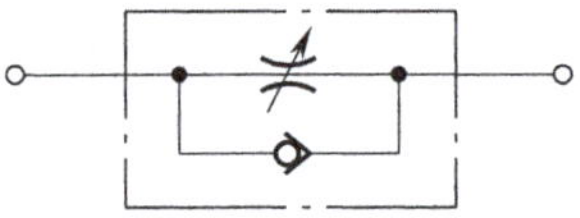

图 2-8　单向节流阀图形符号

单向节流阀分为排气节流型和进气节流型，如图 2-9 所示。

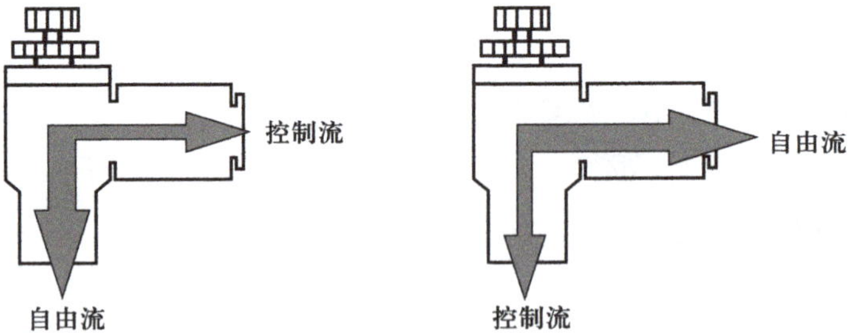

(a) **排气节流型**　(b) **进气节流型**

图 2-9　L 型单向节流阀

2.2.4　气缸

常用气缸的图示与特点见表 2-3。

微课知识点 2.4
气缸

表 2-3　常用气缸分类

序号	名称	图示	特点
1	小型气缸		又称笔形气缸（或微型气缸，微小型气缸），其材质为不锈钢和铝合金；价格便宜，结构紧凑，外型美观，前后用螺纹安装固定，能有效节省安装空间；可满足高频率的使用要求
2	标准气缸		活塞前进或后退都能输出力（推力或拉力），结构简单，行程可根据需要选择
3	针型气缸		气缸可直接埋入机构主体或安装在面板上，大幅减小安装空间，实现机构的小型化
4	阻挡气缸		主要用于生产线上托盘的止停，被称为止动气缸或阻能气缸，由于其工作行程固定，因此也被称为定程杆气缸
5	薄型气缸		结构紧凑、重量轻、占用空间小，缸体为方形，无须安装附件；可直接安装于各种夹具和专用设备上；气缸输出连接杆分为内牙型和外牙型；需要搭配导向元件使用
6	自由安装型气缸		行程短，缸体为方形；气缸输出连接杆分为内牙型和外牙型；气缸可以从本体四个方向固定，有多种安装方式
7	双轴气缸		两个单杆薄型气缸并联；以固定形式安装，节省安装空间；具有一定的导向、抗弯曲及抗扭转性能，能承受一定的侧向负载；本体前端防撞垫可调整气缸行程，并缓解冲击，比单轴缸出力要大
8	导杆气缸		导杆气缸分为直线轴承型和铜套型，直线轴承型适用于推举动作，适合低摩擦运动场合；铜套型适用受径向载荷，高载荷场合。 导杆气缸结构紧凑，能有效节省安装空间，本身自带导向功能，可以承受一定的横向载荷，有多种安装方式，可用于阻挡、上料、推料、冲压、夹持等

续表

序号	名称	图示	特点
9	滑台气缸		采用十字滚珠导轨导向，摩擦力小，可实现无松动的平稳移动。滑台气缸：结构紧凑，节省安装空间；导向精度高，能抗转矩，负载能力强；价格较为昂贵
10	无杆气缸		没有普通气缸的刚性活塞杆，它利用活塞直接或间接实现往复运动，分为机械耦合与磁耦合。无杆气缸的优点是节省安装空间，特别适用于小缸径、长行程的场合
11	气动夹爪气缸		能实现各种抓取功能，是自动化设备气动机械手的关键部件。其分为平行气爪、摆动气爪、旋转气爪、三点气爪和四点气爪。气动夹爪气缸能实现双向抓取，可自动对中，重复精度高；抓取力矩恒定
12	摆动气缸		分为齿轮齿条式和叶片式两种，使用较多的是齿轮齿条式，用于物体的旋转、翻面、分类等
13	旋转下压气缸	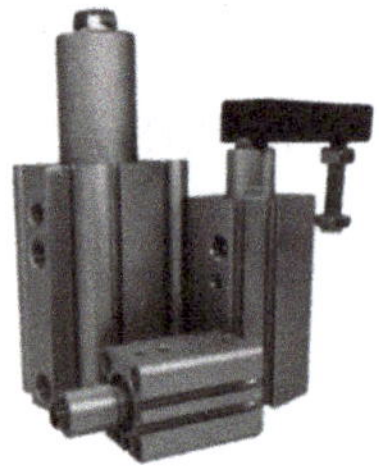	可实现旋转压紧，即有旋转的径向动作，又有轴向的夹紧动作，旋转方向分为向左和向右，通常用于空间紧凑的结构实现旋转压紧动作

2.2.5 常见电－气动控制回路

1. 常见继电器控制回路

（1）单作用气缸的点动控制

图 2-10 是单作用气缸点动控制电气动图。

当按下 SB1，M1 电磁换向阀线圈得电，使换向阀换向左工作位工作，进气口 3 与工作口 2 接通，单作用气缸接通压力气源，使气缸伸出。

当松开 SB1，M1 电磁换向阀线圈失电，换向阀在复位弹簧的作用下换向右边工作位工作，工作口 2 与排气口 1 接通，单作用气缸在复位弹簧的作用下缩进。

微课知识点 2.5
气缸传感器的安装

微课知识点 2.6
单作用气缸的电－气动控制回路分析

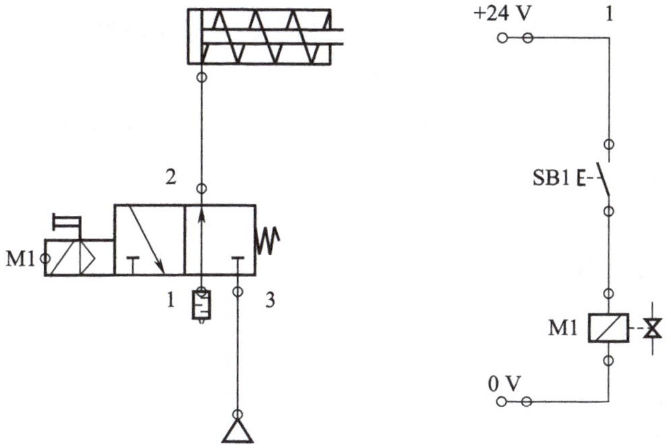

(a) 气动回路图　　(b) 电路图

图 2–10　单作用气缸点动控制电 – 气动图

(2) 单作用气缸的自锁控制

图 2–11 是单作用气缸自锁控制电气动回路图，按下 SB1，中间继电器 KA1 线圈和线圈 M1 同时得电，中间继电器的常开触头闭合，实现电路自锁；M1 得电，电磁换向阀换到左边工作位工作，气缸伸出；松开 SB1，因 KA1 自锁，电路中 KA1 和 M1 线圈保持得电，气缸保持伸出。按下 SB2，切断 KA1 和 M1 线圈供电回路，KA1 和 M1 线圈失电，电磁换向阀在复位弹簧作用下复位到右边工作位，此时因电磁换向阀工作口 2 与排气口 1 接通，单作用气缸在复位弹簧作用下缩回。

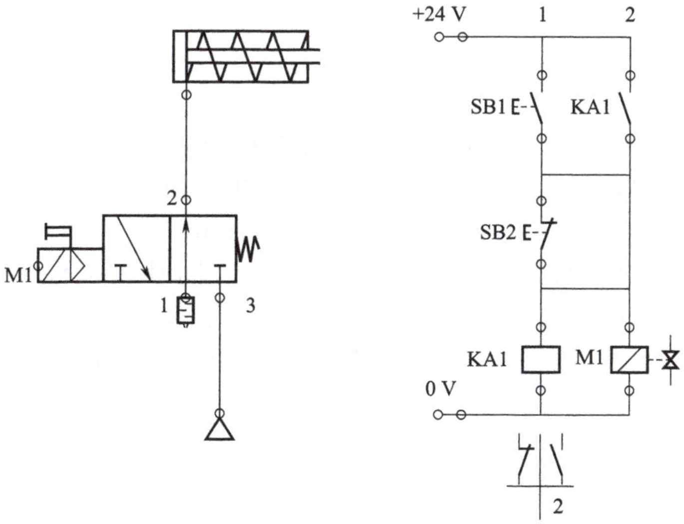

(a) 气动回路图　　(b) 电路图

图 2–11　单作用气缸自锁控制电气动图

（3）双作用气缸手动伸出缩进控制

图 2-12 是双作用气缸手动伸出缩进电气动图，RZ1 和 RZ2 是单向节流阀，实现排气节流功能；M10 是双轴气缸，终端缓冲可调；M11 和 M12 是二位五通电磁换向阀的线圈，当 M12 通电时，电磁换向阀换到右边工作位工作，气缸 M10 缩回；当 M11 通电时，电磁换向阀换到左边工作位工作，气缸伸出。

微课知识点 2.7
双作用气缸手动伸出缩进电－气控制回路分析

按下 SB1，使 M11 通电保持，气缸伸出；按下 SB3，M11 失电，气缸保持原状态；按下 SB2，使 M12 通电保持，气缸缩回。

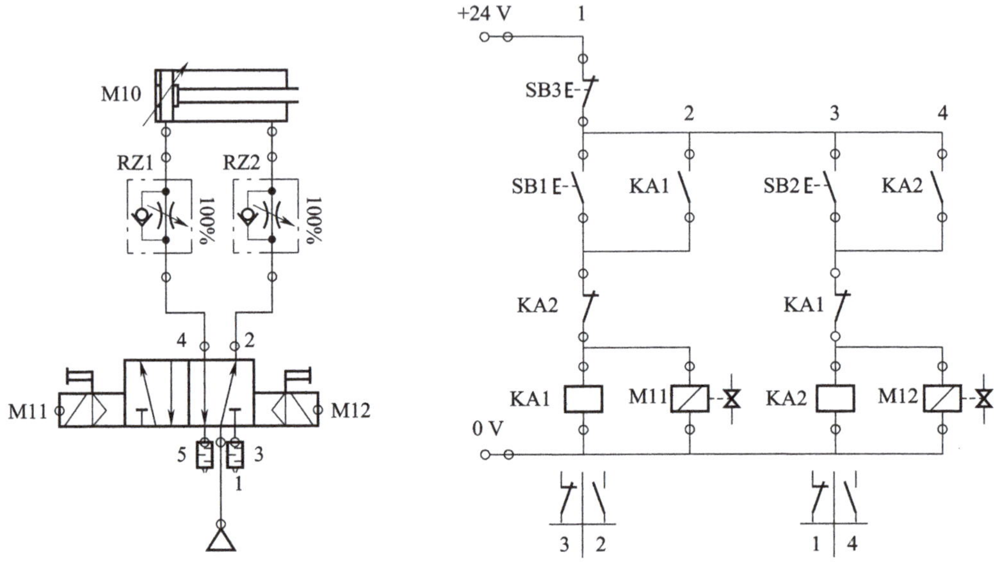

(a) 气动回路图　　(b) 电路图

图 2-12　双作用气缸手动伸出缩进电气动图

（4）双作用气缸延时缩回控制

微课知识点 2.8
双作用气缸延时缩回电－气动控制回路分析

图 2-13 是双作用气缸延时缩回控制电气动图，SB1 是起动按钮，SB3 是停止按钮，KT1 是通电延时型时间继电器。电磁换向阀 M11 通电，气缸 M10 伸出；电磁换向阀 M12 通电，气缸 M10 伸出。

按下 SB1，KA1 和 M11 线圈得电，气缸 M10 伸出，同时 2—KA1 闭合，KA1 线圈自锁，3—KA1 闭合使 KT1 线圈得电开始延时，延时 5 s 后，1—KT1 断开使 M11 失电，4—KT1 闭合（因 KA1 失电使 KT1 线圈失电，4—KT1 只闭合一瞬间后断开）使 M12 得电，气缸缩回，缩回后停止。

（5）双作用气缸自动往返控制

微课知识点 2.9
双作用气缸自动往返电气动控制回路分析

图 2-14 是双作用气缸自动往返电气动图，BG1、BG2 是磁性开关，安装在气缸上，用于检测气缸伸出缩进的状态；BG1 上的箭头表示该磁性开关处于受控状态。

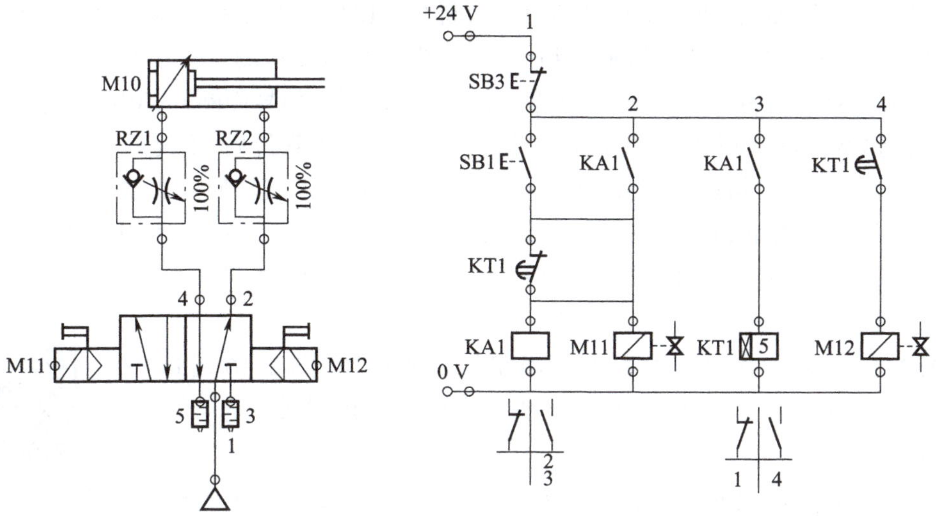

(a) 气动回路图　　　　　　　　(b) 电路图

图 2-13　双作用气缸延时缩回控制电气动图

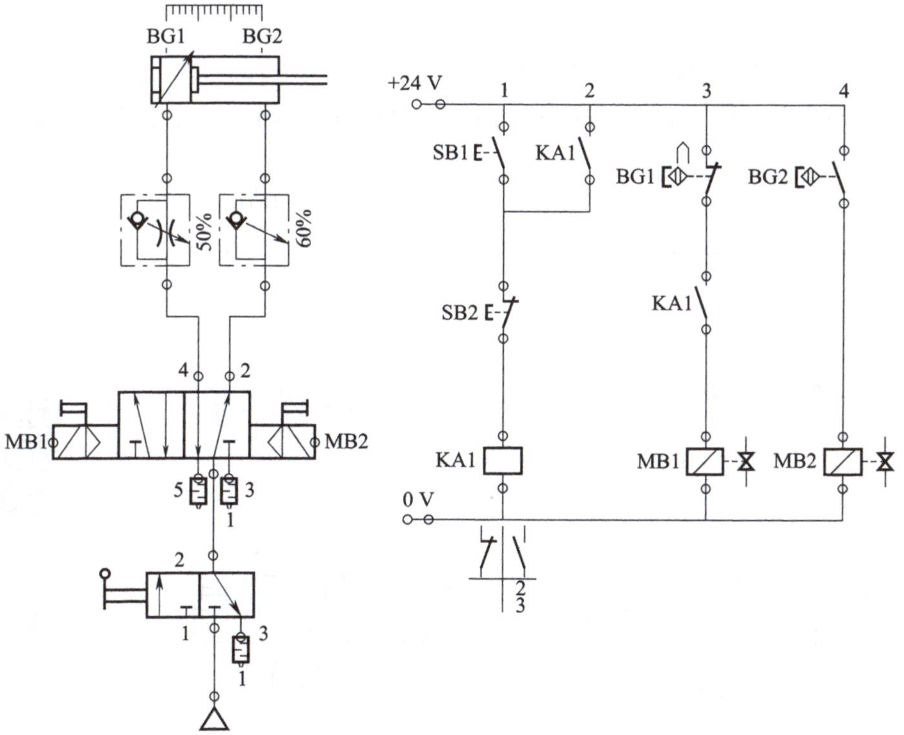

(a) 气动回路图　　　　　　　　(b) 电路图

图 2-14　双作用气缸自动往返电气动图

操作手扳阀 Q1，打开气源，按下 SB1，KA1 线圈得电，2 号电路上的 KA1 常开触头闭合，KA1 自锁，3 号电路上的 KA1 常开触头闭合，因气缸初始状态为缩进状态，所以初始状态时磁性开关 BG1 检测到信号闭合，从而使电磁阀 MB1 得电，电磁换向阀换向，换到左边工作位，气缸伸出，BG1 未检测到信号而断开，MB1 失电，因换向阀无复位弹簧，所以换向阀保持左边工作位；当气缸伸出到位后，磁性开关 BG2 检测到信号闭合，电磁阀 MB2 得电，使换向阀换向右边工作位，气缸缩进，BG2 未检测到信号而断开，MB2 失电，因换向阀无复位弹簧，所以换向阀保持右边工作位；当气缸缩进到位后，重复以上过程，实现气缸的自动伸出缩进。可通过调节单向节流阀 R1、R2 来实现气缸伸出或缩进的速度。

要停止工作，按下 SB2 停止按钮，KA1 线圈失电，2 号电路和 3 号电路中的 KA1 常开触头断开，气缸缩进后停止工作。还可以通过两位三通手板阀 Q1 断开气源，停止工作。

2. PLC 控制回路

图 2–15 是双作用气缸 PLC 控制回路气动系统图，图 2–16 是 PLC 控制回路电路图，图 2–15 和图 2–16 构成了气缸 PLC 控制系统电 – 气动回路图。

微课知识点 2.10
双作用气缸 PLC
电 – 气控制
回路分析

图中 BG1–BG4 是磁性开关，安装于气缸 M10 和 M20 上，用于检测气缸伸出缩进的状态，它们将气缸 M10 和 M20 的当前状态转换成电信号送到 PLC 的输入端，PLC 按设计的程序运行，输出相应的信号去控制电磁阀 MB11 或 MB12、MB21 或 MB22、MB31，从而控制换向阀 Q10、Q20 和 Q30 换向。

当 PLC 的 Q0.4 输出信号时，MB31 电磁阀得电，Q30 换向打开气动回路总管气源。当 PLC 的 Q0.0 输出信号时，MB11 电磁阀得电，Q10 换向阀换到左边工作位，气缸 M10

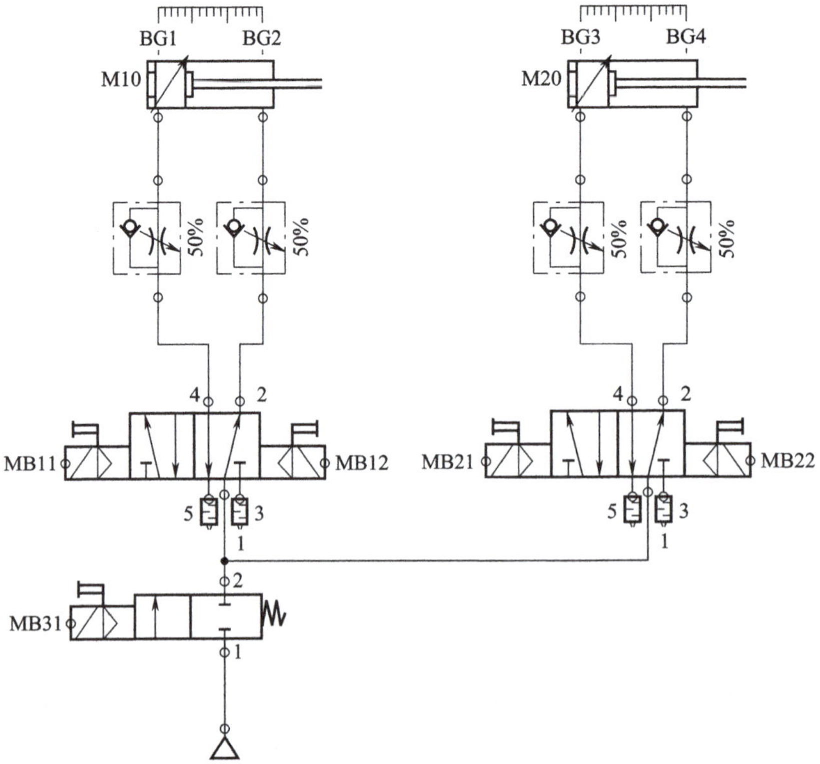

微课知识点 2.11
气动控制 PLC
程序设计

图 2–15　PLC 控制回路气动回路图

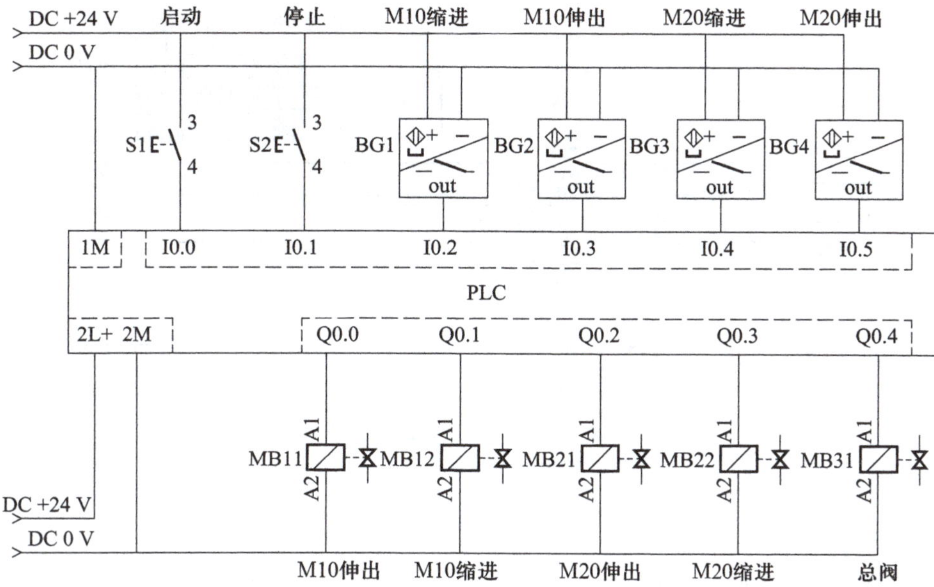

图 2–16　PLC 控制回路电路图

左边进气口进气从而推动气缸伸出；当 PLC 的 Q0.1 输出信号时，MB12 电磁阀得电，Q10 换向阀换到右边工作位，气缸 M10 右边进气口进气从而推动气缸缩回。M20 的伸出 / 缩进控制由 PLC 的 Q0.2 和 Q0.3 输出信号控制，工作过程与气缸 M10 的控制一样。PLC 输出信号控制电磁阀得电或断电，从而控制换向阀进行工作位的切换，来达到控制气缸伸出 / 缩进的目的；而气缸的伸出 / 缩进的速度是由单向节流阀 R11、R12、R21 和 R22 手动调节来控制，其中 R11、R21 分别调节气缸 M10 和 M20 的伸出速度，R12、R22 则分别调节气缸的缩回速度。

S1 是系统起动按钮，S2 是系统停止按钮。气缸 M10 和 M20 什么时候伸出或缩回由 PLC 程序进行控制。

2.3 工作页

2.3.1 任务描述

图 2–17 为选料机构，当 B1 检测到料仓内有料时，气缸 M10 将料推出料仓，工作台移动到位置 3 时，气缸 M20 将料推到工作台，其中 B2 和 B3 用于判断料的类型（金属或塑料），当料是金属时，工作台左移将料放入放料盒 A；当料是塑料时，将料放入料盒 B。料放入料盒后，工作台右移到位置 3，等待下一循环。

必须等气缸 M10 的活塞杆回缩到尾端且 B2 有检测信号时，气缸 M20 的活塞杆才伸出。装置采用磁性开关检测气缸 M10、M20、M30 运动的位置。B1 采用光纤传感器，B2 采用电容式接近开关，B3、位置 1、位置 2、位置 3 采用电感式接近开关，左右限位采用限位开关。当检测到料仓内没有料时或按下停止按钮后停止工作。

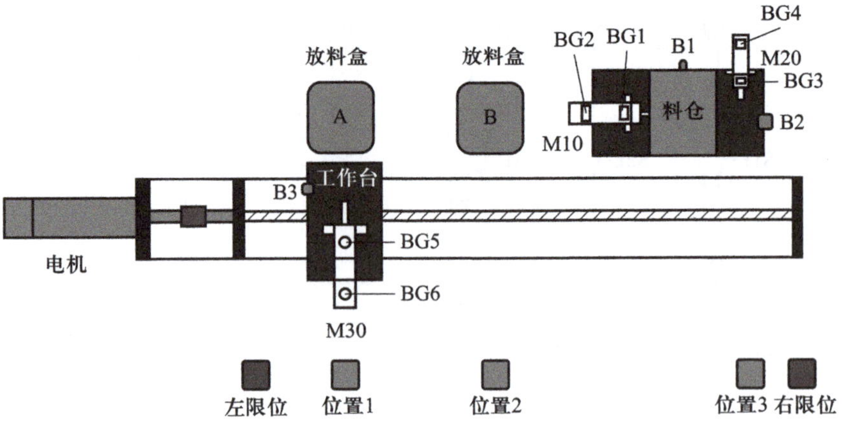

图 2-17　选料机构示意

2.3.2　任务要求

请按以下步骤完成工作任务。

（1）完成任务引导中的相关问题；

（2）在项目 1 所绘制系统图的基础上绘制电路图及气动回路图；

（3）根据任务要求选择气缸、传感器等元器件；

（4）根据选料机构示意图安装元器件，并贴好元器件标识；

（5）根据气动回路图标准安装气动回路；

（6）根据电路图标准安装电路；

（7）检测电气动控制回路；

（8）根据任务要求编写 PLC 控制程序并调试；

（9）完成系统调试；

（10）完成产品移交。

2.2.3　工作过程

1. 任务引导

引导问题 1: 查阅资料，填写图 2-18 中各组成部分名称。

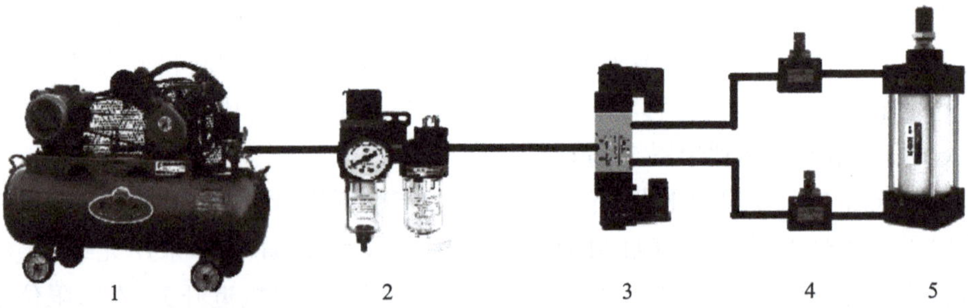

图 2-18　气动系统示意

引导问题 2: 查阅资料，描述图 2–18 中各组成部分的功能。

引导问题 3: 查阅资料，完成图 2–19 中相应组成部分名称的填写，并描述三联件各组成部分的作用。

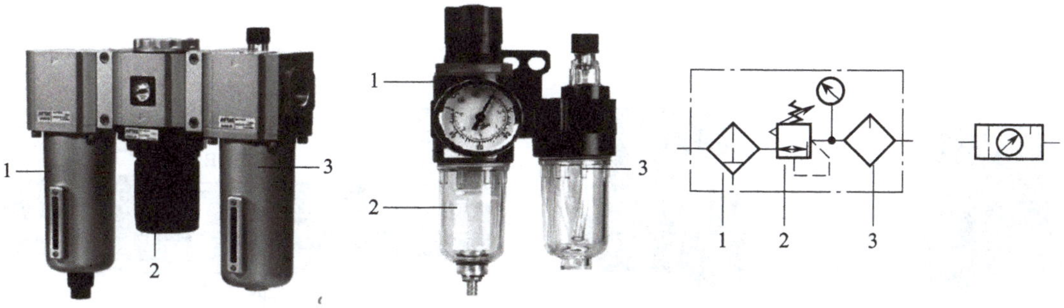

(a) 三联件实物图1　　(b) 三联件实物图2　　(c) 三联件图形及符号

图 2–19　气动三联件示意

引导问题 4: 查阅资料,完成图 2–20 中双作用气缸各组成部分名称的填写,在空白处画出其图形符号,并描述其特点和用途。

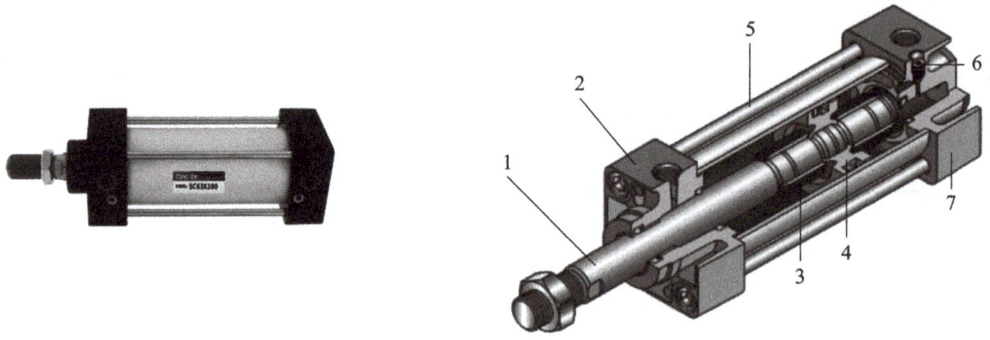

(a) 实物　　　　(b) 内部结构

图 2–20　双作用气缸结构

引导问题 5: 查阅资料,完成图 2–21 中电磁换向阀各组成部分名称的填写,在空白处画出其图形符号,并描述其特点和用途。

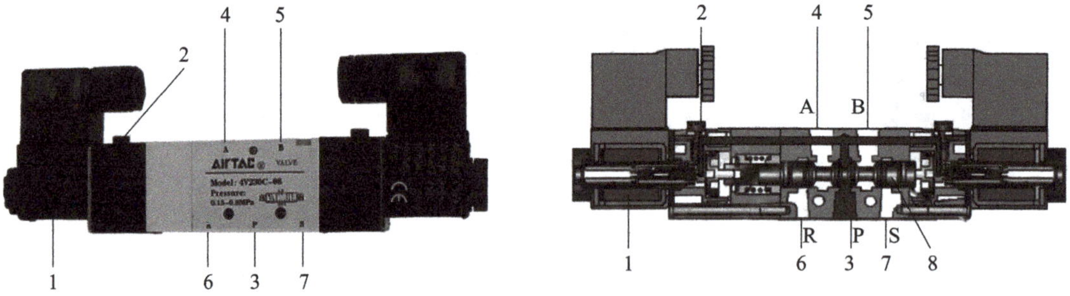

(a) 实物　　　　(b) 内部结构

图 2–21　5/3 电磁换向阀

引导问题 6: 查看任务描述，其中 –BG1、–BG2、–BG3、–BG4 是什么传感器？（　　）

A. 电容传感器，所有材料接近时产生感应

B. 电感传感器，金属接近时产生感应

C. 磁传感器，感应磁体

D. 光学传感器，感应红外线的反射

E. 气体传感器，对气体产生反应

引导问题 7: 本项目中选用 S7–300 CPU314C–2PN/DP 时，BG1 ~ BG6 传感器应选用 NPN 型还是 PNP 型？简述 NPN 型传感器与 PNP 型传感器的区别。

引导问题 8: 三线式磁感应传感器有棕、蓝、黑三根引出线，其中棕色线是________线，接线时应连接________（DC/AC）电源的________（+/–）极；蓝色线是________线，接线时应连接________（DC/AC）电源的________（+/–）极；黑色线是________线，接线时应外接________。

引导问题 9: 如图 2–22 所示是可以实现延时启动及停止的电 – 气动装置。请描述该电路的工作流程。

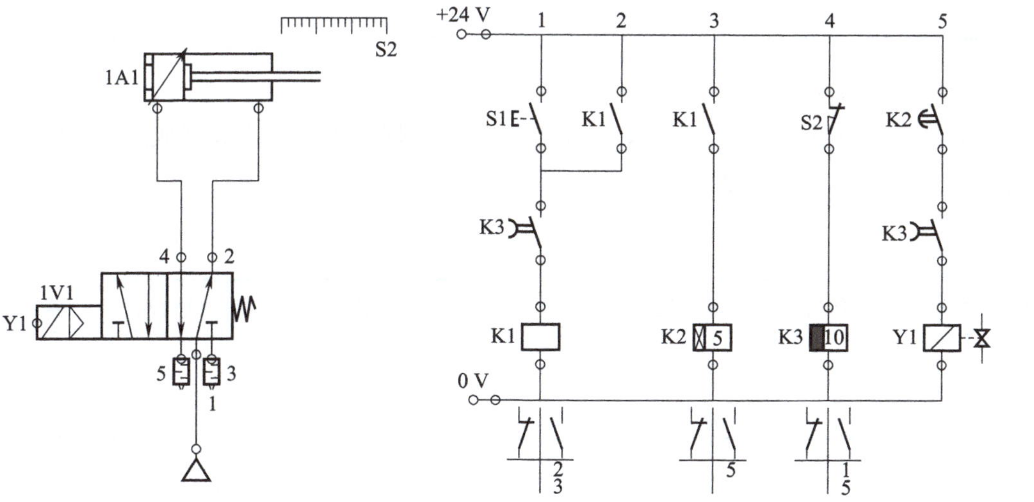

(a) 气动回路图　　　(b) 电路图

图 2–22　延进启停电 – 气动控制回路

2. 工作计划

（1）填写分工表

根据任务要求，由组长组织小组成员讨论，合理分工，并填写表 2–4。

表 2–4　任务分工

序号	组员姓名	组员任务分工	备注

（2）填写工作计划表

根据小组成员任务分工，对任务内容进行细化，提出工作要求和完成工作时间，制订对应的工作计划，并填写表 2–5。

表 2–5　工作计划

序号	工作内容	完成时间	工作要求	负责人	备注

续表

序号	工作内容	完成时间	工作要求	负责人	备注

（3）列出工具、仪表、器材清单

根据完成任务内容，统计完成任务所需的工具、仪表和器材，并填写表 2-6 ~ 表 2-8。

表 2-6 工具统计

序号	名称	型号	规格	数量	备注

表 2-7 仪表统计

序号	名称	型号	规格	数量	备注

表 2-8 器材统计

序号	名称	型号	规格	数量	备注

续表

序号	名称	型号	规格	数量	备注

（4）成本预算

明确企业生产涉及的成本因素，有利于过程质量管理，在表 2-9 中列举电气设备生产加工涉及的成本因素，参照规模化生产标准，查找计算办法，并向团队的其他人介绍成本计算结果。

表 2-9　成本预算

序号	项目	价格	备注

（5）绘制气动回路图和电路图

根据任务描述，在项目 1 所绘制系统图的基础上绘制控制电路图及气动回路图。

（6）制订计划

制订电路及气动回路安装工艺计划，明确安装标准。

（7）设计 PLC 程序方案

根据选料机构控制要求，设计 PLC 控制程序并记录。

① 填写 I/O 分配表（表 2-10）。

表 2-10　I/O 分配

序号	符号地址	操作数	注释

续表

序号	符号地址	操作数	注释

② 编写 PLC 程序。

3. 生产准备

（1）检查与决策

安装控制电路及气动回路前，进行关键工艺技术的检查、决策，按表 2–11 中的要点执行。

表 2–11　生产准备检查

序号	决策点	请决策	
1	电路图绘制是否正确	是○	否○
2	气动回路图绘制是否正确	是○	否○
3	布线工艺是否符合标准	是○	否○
4	工具准备已完成	是○	否○
5	仪器准备已完成	是○	否○
6	材料准备完善、合理	是○	否○

续表

序号	决策点	请决策	
7	工位整理已确认	是○	否○
8	元件清查已完成	是○	否○
9	PLC 程序方案已完成	是○	否○
10	场室使用要求已明确	是○	否○
11	劳动保护达到要求	是○	否○

（2）问题记录

若准备工作存在问题，请写明原因。

4. 操作实施

按工作步骤进行系统安装与调试，并在相应表格中记录安装与调试结果。

（1）工作步骤1：对元器件进行检查

对本任务中所用到的所有元器件做目测检查，确定每一个检查点是否有问题，并在表2-12中记录检查结果。注意该检查应在不通电的情况下进行。

表2-12　元器件检查记录

序号	检查点	正常		备注
		是	否	
1	元器件齐全			
2	元器件安装牢固			
3	元器件没有损坏			
4	元器件全部进行了标识			
5	元接触器触点未粘连、卡顿			

（2）工作步骤2：对气动回路进行检查

对气动回路进行目测检查，确定每一个检查点是否有问题，并在表2-13中记录检查结果。注意该检查应在不通电的情况下进行。

表2-13　气动回路检查记录

序号	检查点	正常		备注
		是	否	
1	所有气管安装牢固			
2	气管按专业要求安装			
3	气缸安装牢固			
4	气缸伸缩自如			
5	气动元器件贴上标识			

（3）工作步骤3：对执行机构进行检查

对工作台进行目测检查，确定每一个检查点是否有问题，并在表2-14中记录检查结果。注意该检查应在不通电的情况下进行。

表2-14　执行机构检查记录

序号	检查点	正常		备注
		是	否	
1	机械部件安装牢固			
2	丝杆工作台活动自如			
3	左右限位开关能通过工作台切换			
4	传感器安装位置合适，不会与工作台发生碰撞			

（4）工作步骤 4：对电气线路进行检查

对电气电路进行目测检查，确定每一个检查点是否有问题，并在表 2-15 中记录检查结果。注意该检查应在不通电的情况下进行。

表 2-15　电气线路检查记录

序号	检查点	正常		备注
		是	否	
1	按电路图纸进行电路连接			
2	导线没有损坏			
3	导线线径选择正确			
4	导线颜色选择正确			
5	号码管规范			
6	插接件连接牢固			
7	传感器安装位置正确			
8	传感器按专业要求安装			
9	导线连接规范整洁			
10	PE 线连接符合专业要求			

（5）工作步骤 5：电路通电前的检测

在电路通电前应对电路作接地保护线导通性检测和绝缘电阻的检测，以保证电路通电后的安全，在表 2-16 中记录测量值并判断测量值是否正常。注意该检查在不通电的情况下进行，且电路中的电子元器件测量绝缘电阻之前拆下其接线。

表 2-16　电阻测量记录

序号	测量项目	检查关键点	测量值	规定值	测量值正常
1	绝缘电阻	L1—L2			是○　否○
2		L1—L3			是○　否○
3		L2—L3			是○　否○
4		L1—N			是○　否○
5		L2—N			是○　否○
6		L3—N			是○　否○
7		L1—+24 V			是○　否○
8		L2—+24 V			是○　否○
9		L3—+24 V			是○　否○
10		N—+24 V			是○　否○

续表

序号	测量项目	检查关键点	测量值	规定值	测量值正常
11	PE 线导通性	电源插头—控制柜门			是○　否○
12		电源插头—安装底板			是○　否○
13		电源插头—执行机构			是○　否○

（6）工作步骤 6：测量电压

在电路电阻测量正常后，方可通电。系统通电后应测量其电源电压及 DC 24 V 电压是否正常，并将测量结果记录到表 2-17 中。

表 2-17　电压测量记录

序号	测量项目	检查关键点	测量值	规定值	测量值正常
1	电源电压				是○　否○
2					是○　否○
3					是○　否○
4	DC 24 V 电压				是○　否○

（7）工作步骤 7：测量相位

测量 -X10 上的相位，并将测量结果记录在表 2-18 中。

表 2-18　相位测量记录

测量项目	检查关键点	测量值	
电源相位检测	-X10	正相○	反相○

（8）工作步骤 8：系统功能检查

操作系统按钮，实现其功能运行，确定每一功能点是否存在问题，并将检查结果记录到表 2-19 中。

表 2-19　系统功能检查表

序号	检查点	正常		备注
		是	否	
1	检查急停开关功能			
2	传感器设置			
3	传感器与 PLC 输入端对应			
4	按钮与 PLC 输入端对应			

续表

序号	检查点	正常		备注
		是	否	
5	PLC 输出端与相应控制负载对应			
6	检查手动运行方式：按下右行按钮，工作台运行到取料位置停下			
7	检查手动运行方式：按下左行按钮，工作台运行到放料位置停下			
8	检查手动运行方式：控制 M10、M20、M30 伸出/缩进			
9	检查自动运行方式：按下自动运行按钮，工作台自动运行一个工作流程			
10	检查自动运行方式：料盒空，自动运行停止，对应指示灯亮			
11	检查自动运行方式：自动运行指示灯亮			

（9）工作步骤 9：编写用户使用手册

编写用户使用手册，明确产品功能和操作步骤，写明产品可能出现的操作问题及解决方法。

5. 产品移交与评价

产品安装调试完成后，参照表 2-20 指标向指导教师提交作品及资料，指导教师评价学生学习成果。

表 2-20　项目评分

移交目录	技术要求	技术标准	分值	得分	权重
产品	元件标识	每个元件按图纸粘贴标识，标识正确、醒目	0.5		0.4
	元器件目测	无损坏、同类型元件安装紧凑	1		
	气动回路	气管安装牢固，不漏气，布管平直、转角弯曲半径符合要求，气缸活动不卡顿；气缸伸出 / 缩进速度合适，不构成危险	2		
	机械部件	安装牢固	0.5		
	布线	平直、不交叉、不跨接	0.5		
	连线	牢固、线头处理正确、接线正确；号码管放置方向、标志正确	1		
	传感器安装	符合专业技术要求	0.5		
	通电测试	完成手动操作功能	1		
	通电测试	完成自动运行功能	2		
	功能描述	现场设备操作及讲解	1		
			合计 1		
技术资料	任务引导	资料完成情况	4		0.4
	工作计划	资料完成情况	3		
	生产准备	资料完成情况	1		
	任务实施	资料完成情况	2		
			合计 2		
现场	工位整理	工具摆放	5		0.2
		垃圾处理	5		
			合计 3		
		总分			

6. 总结与提高

（1）工作总结

① 制作小组工作结果展示材料，进行展示汇报，总结收获、不足和改进措施。

② 记录本次工作所接触到的知识。

(2) 思考与提高

① 在本次任务中要实现大小件的区分功能,请写出检测方法。

② 在通电调试中,自动运行时气缸 M20 不动作,试分析可能的原因是什么,如何检查?

项目 3 选料机构工作台速度控制电路的安装与调试

3.1 学习要求

3.1.1 知识目标

1. 掌握变频器的工作原理；
2. 掌握变频器的接线原理；
3. 理解变频器常用参数含义及设置方法；
4. 掌握变频器多段速调速控制及模拟量调速控制的原理；
5. 理解 PLC 控制变频器的原理。

3.1.2 能力目标

1. 能够根据图纸要求，接受安装任务；
2. 能够收集安装信息，制订工作计划；
3. 能够正确选择器材；
4. 能够正确使用工具、按接线标准对电路进行安装；
5. 能够正确使用仪表对电气回路进行检测调试；
6. 能够根据控制要求正确设置参数；
7. 能够总结安装调试过程，自我提高要求，使电路安装调试能力满足企业的要求。

3.1.3 素质目标

1. 能够考虑安全与环保因素，遵守 6S 管理与安全规范；
2. 能够考虑成本因素，养成勤俭节约的良好品德；
3. 通过分析速度控制电路的设计思路和技术要求，提高分析能力；
4. 通过重视产品质量，确保速度控制电路达到改装要求，提高质量意识；
5. 通过在项目中不断总结经验教训，不断提高自身的综合素质，以提高自身的反思能力。

3.2 知识导航

3.2.1 变频器概述

变频是指将固定频率的交流电转换为可变频率和可变电压的交流电的过程。变频器是实现这一过程的设备，它可以调节电机的转速和电流，从而达到节能、降噪、提高生产效率等目的。①

知识点 3.1
变频器的基本结构

知识点 3.2
变频器的工作原理

1. 变频器的结构

通用变频器是一种广泛应用于工业自动化领域的设备，用于控制交流电动机的速度和扭矩。通用变频器的结构通常由主电路和控制电路组成，基本结构组成如图 3-1 所示。

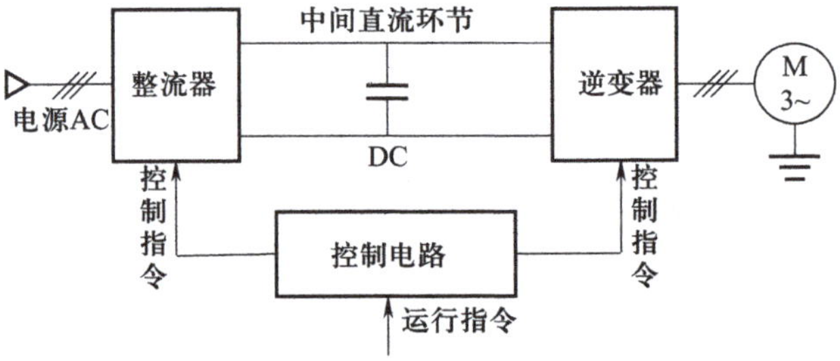

图 3-1　通用变频器的基本结构

（1）主电路

主电路包括整流器、中间直流环节和逆变器。整流器的主要作用是将三相（或单相）交流电转变成直流电，从而为逆变电路提供所需的直流电源；中间直流环节由滤波器、直流母线和制动单元构成，滤波器用于减小整流后的直流电压或电流的波动，直流母线用于连接整流器和逆变器之间的直流电路，制动单元用于当电动机减速或需要快速停车时，制动单元会将多余的能量通过制动电阻转化为热能释放出去，避免直流母线电压过高；逆变器的作用是在控制电路的控制下，将直流中间电路输出的直流电压转换为频率可调的交流电压，实现对异步电动机的变频调速控制。

（2）控制电路

为变频器的主电路提供通断控制信号的电路称为变频器的控制电路，其主要任务是实现对逆变器开关器件的开关控制和提供多种保护功能。控制电路由运算电路、信号检测电路、驱动电路组成、保护电路组成。运算电路的主要作用是将外部的速度、转矩等指令信号同检测电路电流、电压信号进行比较运算，决定变频器的输出频率和电压；信号检测电路主要将变频和电动机的工作状态反馈至微处理器，并由微处理器按事先确定的算法进行处理后为各部分电路提供所需的控制信号或保护信号；驱动电路的作用是为变频

① 以下变频器知识点以三菱变频器 FR-D740 为例。

器中逆变电路的换相器件提供驱动信号；保护电路的主要作用是对检测得到的各种信号进行运算处理，以判断变频器本身或系统是否出现异常，当检测到变频器本身或系统出现异常时，应进行各种必要的处理，使变频器停止工作或抑制电压、电流值等。

2. 变频器的分类

通用变频器可以根据不同的标准进行分类。以下是几种常见的分类方式。

（1）按照控制方式分类

① 电压－频率比控制（V/F 控制）变频器

V/F 控制变频器通过保持电压与频率的比例不变来控制电动机转速。它适用于不需要精确速度控制的应用场合。

② 矢量控制变频器

矢量控制变频器基于电动机数学模型的控制技术，可以独立调节电动机的励磁电流和转矩电流。它能提供更好的动态响应和更宽的调速范围，适用于需要高精度控制的应用。

③ 直接转矩控制变频器

直接转矩控制变频器通过直接控制电动机的电磁转矩和磁链来实现对电动机的控制，在不需要编码器的情况下也能实现高性能控制。

④ 伺服控制

伺服控制变频器类似于矢量控制变频器，但具有更高的精度和更快的响应速度。通常用于要求较高定位精度和动态性能的应用场合。

（2）按照功率等级分类

① 微型变频器：功率较小，一般小于 1 kW，适用于小型电动机。

② 小型变频器：功率范围通常在 1 kW 到 10 kW 之间，适用于各种工业应用中的中型电动机。

③ 中型变频器：功率范围在 10 kW 到几百千瓦之间，适用于较大型的工业应用。

④ 大型变频器：功率可达兆瓦级，适用于驱动大型风机、泵等设备。

（3）按照输入输出电压分类

① 低压变频器：输入电压一般在交流 380 V 以下，适用于大多数工业应用。

② 中压变频器：输入电压范围在 1 kV 到 10 kV 之间，适用于大型工厂和基础设施项目。

③ 高压变频器：输入电压超过 10 kV，主要用于重工业和电力传输系统。

（4）按照用途分类

① 通用型变频器：适用于多种类型的电动机，可以广泛应用于不同行业。

② 专用型变频器：用户根据具体的应用需求所选择的合适的变频器类型。需要注意的是，随着技术的发展，一些新型的控制策略和技术也在不断被引入，将出现各种新型变频器。

3. 变频器的工作原理

异步电动机的同步转速，即旋转磁场的转速为

$$n_1 = \frac{60f}{p}$$

式中 n_1——同步转速（r/min）；

f——定子电流频率（Hz）；

p——磁极对数。

异步电动机的输出转速（轴转速）为

$$n = n_1(1-S) = \frac{60f}{p}(1-S)$$

其中，S 为异步电动机的转差率，计算公式为

$$S = \frac{n_1 - n}{n_1}$$

从上式中可以看出，改变异步电动机的供电频率，可以改变其同步转速，从而改变异步电动机的输出转速，实现调速运行。

对异步电动机进行调速控制时，希望其主磁通保持额定值不变。若主磁通太弱，则对铁心的利用不充分，在同样的转子电流下，电磁转矩小，电动机的负载能力下降；若主磁通太强，则电动机会处于过励磁状态，使励磁电流过大，这就限制了定子电流的负载分量，此时要使电动机不过热，就需降低负载。异步电动机主磁通是由定子、转子的合成磁动势产生的，那么如何才能使主磁通保持恒定呢？

由电动机理论可知，三相异步电动机定子每相电动势的有效值为

$$E_1 = 4.44 \times fN_1\phi_m$$

式中 E_1——旋转磁场切割定子绕组产生的感应电动势（V）；

f——定子电流频率（Hz）；

N_1——定子绕组相有效匝数；

ϕ_m——每极磁通量（Wb）。

由上式可见，只要对 E_1 和 f 进行适当的控制，就可以保持 ϕ_m 的额定值不变。恒磁通变频调速分为以下两种情况，具体分析如下：

（1）基频以下的恒磁通变频调速

这是考虑从基频（电动机额定频率 f_n）向下调速的情况。

为了保持电动机的负载能力，应保持主磁通 ϕ_m 不变，这就要求在降低供电频率的同时降低感应电动势，保持 E_1/f 为常数，即通过保持电动势与频率之比为常数来进行控制。这种控制方式称为恒磁通变频调速，属于恒转矩调速方式。

但是，E_1 难于直接检测和直接控制。当 E_1 和 f 的值较高时，定子的漏阻抗压降相对较小，若定子的漏阻抗压降值忽略不计，则可以近似地保持定子相电压 U_1 和频率 f 的比值为常数，即保持 U_1/f 为常数即可。这就是恒压频比控制方式，是近似的恒磁通控制。

当频率较低时，U_1 和 E_1 都很小，定子漏阻抗压降不能再忽略。在这种情况下，可以人为地适当提高定子电压，以补偿定子电压降的影响，使主磁通量基本保持不变，如图 3-2 所示。其中直线 1 表示 $U_1/f=C$ 时的电压与频率的关系，直线 2 表示有电压补偿时的电压与频率的关系。实际装置中 U_1 与 f 的函数关系并不简单如直线 2。在通用变频器

中，U_1 与 f 的函数关系有很多种，可以根据负载性质和运行状况加以选择。

（2）基频以上的弱磁通变频调速

这是考虑由基频开始向上调速的情况（电动机额定频率 f_n）。

频率由额定值 f_n 向上增大，但电压 U_1 受额定电压 U_{1n} 的限制不能再升高，只能保持 $U_1=U_{1n}$ 不变，必然会使主磁通随着 f_{1n} 的上升而减小，相当于交流电动机弱磁调速情况，属于近似的恒功率调速方式。

综合上述两种情况，异步电动机变频调速的基本控制方式，如图 3–3 所示。

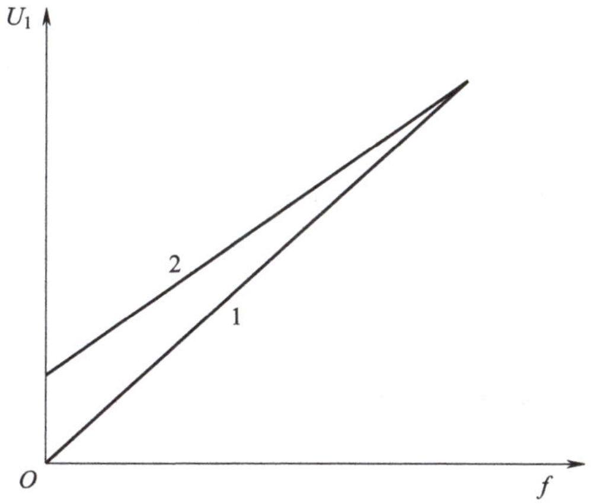

图 3–2　U_1/f 的控制关系

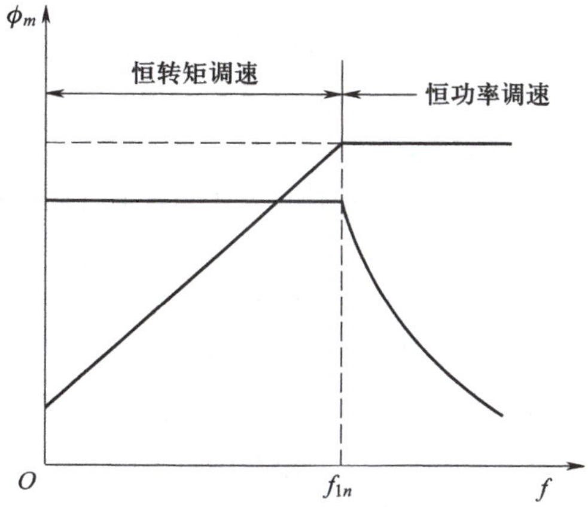

图 3–3　异步电动机变频调速的基本控制方式

由上面的分析可知，异步电动机的变频调速必须按照一定的规律同时改变其定子电压和频率，即必须通过变频装置获得电压频率均可调节的供电电源，实现 VVVF（Variable Voltage Variable Freqency）的调速控制，变频器可以满足这种异步电动机变频调速的基本要求。

微课知识点 3.1
变频器常用控制方式

3.2.2　三菱变频器 FR–D740 简介

三菱变频器 FR–D740 是一款紧凑型多功能变频器，专为驱动交流电动机而设计，如图 3–4 所示。这款变频器属于三菱电机的 FR–D700 系列，具有多种特点和功能，适合于广泛的应用场景。

知识点 3.3
三菱变频器的多段速控制

1. 三菱变频器 FR–D700 关键信息

（1）功率范围

单相 200 V（FR–D720S 系列）：0.1 ~ 2.2 kW

三相 400 V（FR–D740 系列）：0.4 ~ 7.5 kW

（2）控制方式

通用磁通矢量控制：即使在低频条件下也能提供较高的起动转矩（例如，在 1 Hz 时可输出 150% 的最大转矩）。

知识点 3.4
三菱变频器常用参数及含义

（3）主要特性

① 自动转矩提升：能够在低频时自动增加输出电压，以保证足够的

转矩。

② 数字式拨盘：便于用户进行快速和简单的参数设置。

③ 柔性 PWM 控制：降低电动机噪声和振动，提高电动机效率。

④ 多功能：支持 15 段速控制、PID 控制、4～20 mA 模拟输入以及漏源型输入输出转换等功能。

⑤ 内置通信功能：部分型号提供 RS-485 通信接口，支持 Modbus-RTU 协议，可以通过电缆连接到 FR-PU04 面板或其他通信设备。

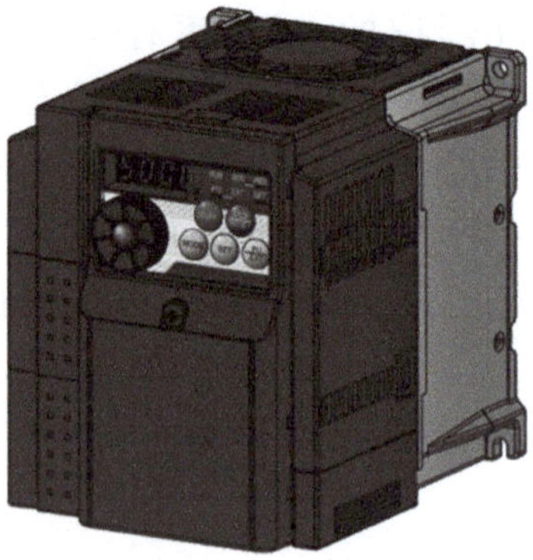

图 3-4　三菱 FR-D740 变频器的外形

（4）其他特性

① 输出频率范围：从 0.5 Hz 到 120 Hz，启动频率可变范围为 0 Hz 至 60 Hz。

② 内置制动晶体管：用于快速停车或紧急制动。

③ 扩展功能：支持 PID 控制和三角波功能。

④ 安全功能：带有安全停止功能。

⑤ 保护功能：包括过流、过压、欠压、过热等多种保护措施。

⑥ 操作环境：工作温度范围为 -10～+50 ℃。

（5）应用领域

三菱变频器 FR-D740 适合用于多种工业和商业应用，如泵、风机、压缩机和其他需要精确速度控制的场合。

（6）注意事项

在选择和安装三菱变频器 FR-D740 时，应仔细参考制造商提供的手册和技术规格，确保正确安装和配置参数以满足特定应用的需求，并遵守所有安全指南。

2. 型号含义

三菱变频器型号及含义如图 3-5 所示。

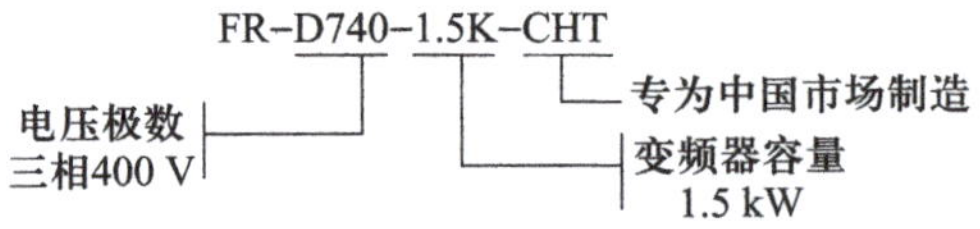

图 3-5　三菱变频器型号及含义

3. 端子接线图

（1）主电路接线图

如图 3-6 所示为 FR-D740 变频器主电路接线图，变频器 R/L1、S/L2、T/L3 端为三相工频电源输入端；U、V、W 端是变频器的输出端，用于连接三相异步电动机。

P/+、PR 为制动电阻器连接端，当使用变频器驱动的电机通过负载旋转时，或者需要急速减速等时，需要在外部安装专用制动电阻器（FR-ABR），在端子 P/+-PR 间连接选购的制动电阻器（FR-ABR）。

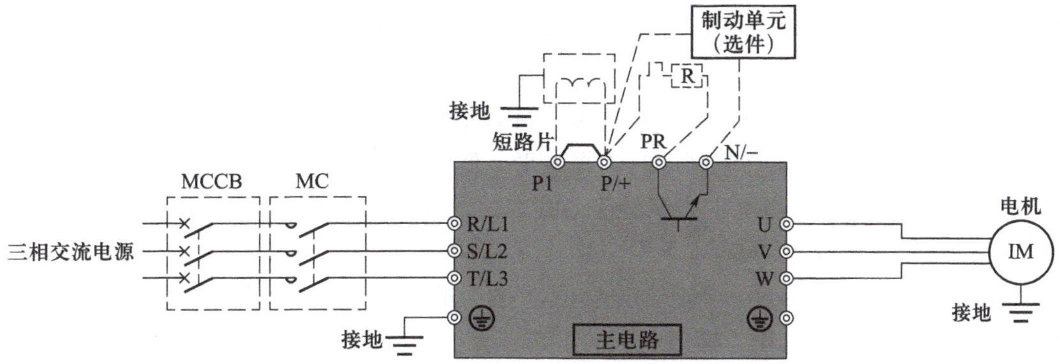

图 3-6　FR-D740 变频器主电路接线图

P/+、N/- 为制动单元连接端，用于连接制动单元（FR-BU2）、共直流母线变流器（FR-CV）以及高功率因数变流器（FR-HC）。为了提高减速时的制动能力，在 P/+、N/- 端接入 FR-BU2 制动单元。

P/+、P1 为直流电抗器连接端，拆下端子 P/+-P1 间的短路片，连接直流电抗器。在实施高次谐波对策、改善功率因数以及在大容量电源（500 kVA 或以上）正下方使用变频器时，需要安装电抗器选件，此时若不安装电抗器，变频器可能会损坏。

在电源输入端串入接触器主触头，可将接触器的线圈串联在变频器的输出继电器常闭触头，当变频器出现异常时，可断开变频器电源。也可将接触器线圈串入其他安全检测电路，从而确保变频器电路安全。请勿通过此电磁接触器来启动或停止变频器，否则可能会降低变频器寿命。

（2）控制电路接线图

图 3-7 是 FR-D740 变频器控制电路图 1，图中默认 STF 为正转启动、STR 为反转启动按钮，RH、RM、RL 为多段速设置端，SD 端为输入公共端。STF、STR、RH、RM、RL 端的功能可通过参数 Pr.178 至 Pr.182 进行重新设置。

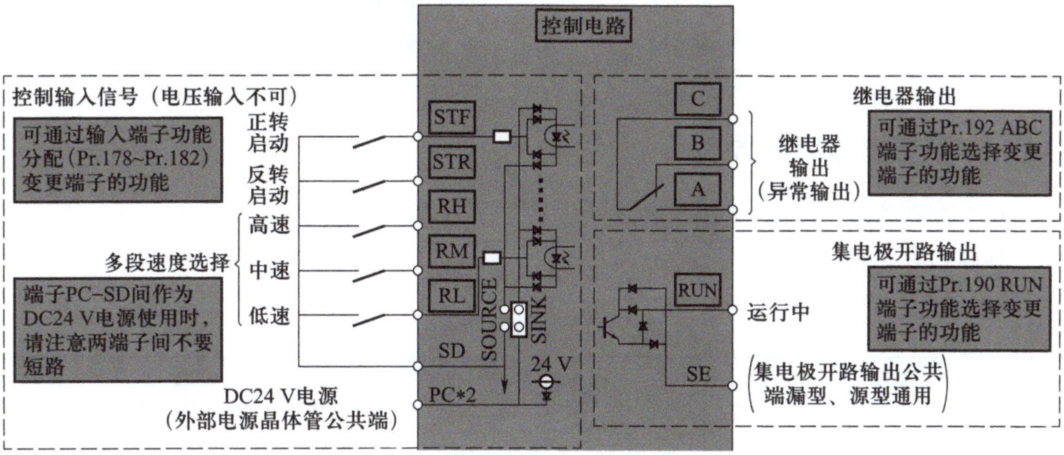

图 3-7　FR-D740 变频器控制电路图 1

A、B、C 端为继电器异常输出端，指示变频器因保护功能（具体保护功能由 Pr.192 设置）动作时输出停止接点输出。异常时，B–C 间不导通（A–C 间导通）；正常时，B–C 间导通（A–C 间不导通）。

RUN 为变频器正在运行端，变频器输出频率大于或等于启动频率（初始值 0.5 Hz）时为低电平，已停止或正在直流制动时为高电平。低电平表示集电极开路输出用的晶体管处于 ON（导通状态）。高电平表示处于 OFF（不导通状态）。SE 为集电集开路输出公共端，它是端子 RUN 的公共端子。

图 3–8 为 FR–D740 变频器控制电路图 2，图中端子 10、2、5、4 为频率设定端，模拟信号输入实现无级调速；AM 为模拟电压输出端，输出 DC0 ~ 10 V 模拟电压。

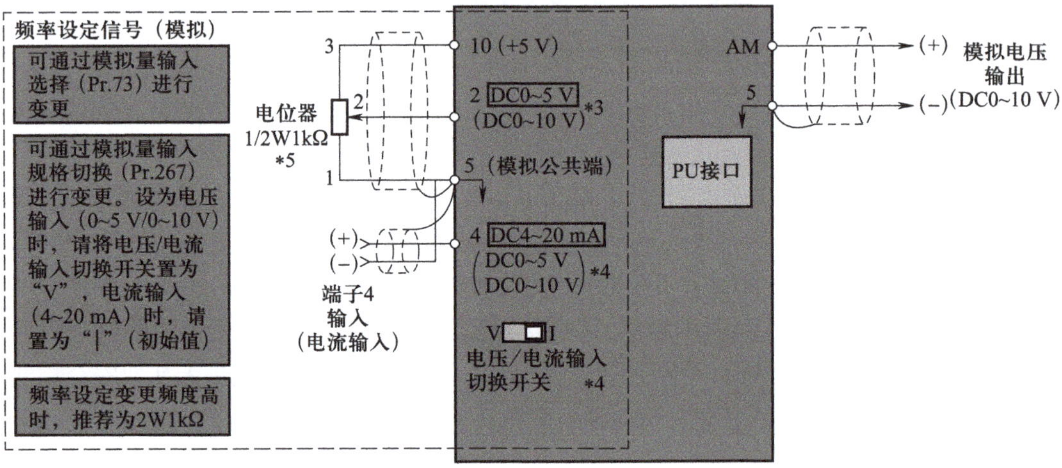

图 3–8　FR–D740 变频器控制电路图 2

微课知识点 3.2
三菱变频器无极调速

微课知识点 3.3
变频器常用参数设置方法

3.2.3　变频器常用参数

1. 全部参数清除（ALLC）

具体内容见表 3–1。

表 3–1　全部参数清除

参数编号	设定值	内容
ALLC	0	不执行清除
	1	参数返回初始值

2. 显示全部参数(Pr.160)

具体内容见表 3-2。

表 3-2　显示全部参数

参数编号	初始值	设定值	内容
160	999	9 999	只显示简单模式的参数
		0	可以显示简单模式和扩展参数

3. 起动指令和频率指令场所的选择(Pr.79)

具体内容见表 3-3。

表 3-3　起动指令和频率指令场所的选择

参数编号	初始值	设定值	内容
79	0	0	外部 /PU 切换模式,此时可通过 PU/EXT 键切换
		1	固定为 PU 运行模式
		2	固定为外部运行模式
		3	外部 /PU 组合运行模式 1,运行频率由 PU 或外部给定,启停信号由 STF 和 STR 给定
		4	外部 /PU 组合运行模式 2,运行频率由外部信号输入,启停信号由 PU 给定

4. 参数写入权限(Pr.77)

具体内容见表 3-4。

表 3-4　参数写入权限

参数编号	初始值	设定值	内容
77	0	0	仅限于停止中可以写入
		1	不可写入参数
		2	可以在所有运动模式中不受运行状态限制地写入参数

5. 上下限频率(Pr.1、Pr.2)

上下限频率可以限制电机的速度以及固定输出频率的上限和下限,具体内容见表 3-5。

表 3-5　上下限频率

参数编号	名称	初始值	设定范围	内容
1	上限频率	120 Hz	0 ~ 120 Hz	输出频率的上限
2	下限频率	0 Hz	0 ~ 120 Hz	输出频率的上限

6. 频率跳变（Pr.31～Pr.36）

使机械运行时避开机械共振频率，设置频率跳变区间，从而避开机械共振，具体内容见表 3–6。

表 3–6 频率跳变

参数编号	名称	初始值	设定范围	内容
31	频率跳变 1A	9 999	0～400 Hz、9 999	1A–1B、2A–2B、3A–3B 为跳变的频率区间，为 9 999 时表示功能无效
32	频率跳变 1B	9 999	0～400 Hz、9 999	
33	频率跳变 2A	9 999	0～400 Hz、9 999	
34	频率跳变 2B	9 999	0～400 Hz、9 999	
35	频率跳变 3A	9 999	0～400 Hz、9 999	
36	频率跳变 3B	9 999	0～400 Hz、9 999	

7. 电机参数（Pr.80～Pr.84）

合适的电机参数可以使电动机在运行时最大限度地发挥电机的性能，具体内容见表 3–7。

表 3–7 电机参数

参数编号	名称	初始值	设定范围	内容
80	电机容量	9 999	0.1～7.5 kW	适用电机容量
82	电机励磁电流	9 999	0～500 A	调谐数据
83	电机额定电压	400 V	0～1 000 V	电机额定电压（V）
84	电机额定频率	50 Hz	10～120 Hz	电机额定频率（Hz）

8. 加减速时间（Pr.7、Pr.8）

具体内容见表 3–8。

表 3–8 加减速时间

参数编号	名称	初始值		设定范围	内容
7	加速时间	3.7 kW 或以下	5 s	0～3 600 s	电机加速时间
		5.5 kW、7.5 kW	10 s		
8	减速时间	3.7 kW 或以下	5 s	0～3 600 s	电机减速时间
		5.5 kW、7.5 kW	10 s		

9. 电子过电流保护（Pr.9）

设定电子过电流保护的电流值，进行电机过热保护，具体内容见表 3–9。

表 3-9　电子过电流保护

参数编号	名称	初始值	设定范围	内容
9	电子过电流保护	变频器额定电流	0 ~ 500 A	设定电机的额定电流

10. 多段速频率设定（Pr.4 ~ Pr.6、Pr.24 ~ Pr.27）

预先通过参数设定运行速度，并通过接点端子来切换速度时使用，具体内容见表 3-10。

表 3-10　多段速频率设定

参数编号	名称	初始值	设定范围	内容
4	多段速频率设定（1 速）	50 Hz	0 ~ 400 Hz	RH 为 1 时的频率
5	多段速频率设定（2 速）	30 Hz	0 ~ 400 Hz	RM 为 1 时的频率
6	多段速频率设定（3 速）	10 Hz	0 ~ 400 Hz	RL 为 1 时的频率
24	多段速频率设定（4 速）	9 999	0 ~ 400 Hz、9 999	RM 为 1、RL 为 1 时的频率
25	多段速频率设定（5 速）	9 999	0 ~ 400 Hz、9 999	RH 为 1、RL 为 1 时的频率
26	多段速频率设定（6 速）	9 999	0 ~ 400 Hz、9 999	RH 为 1、RM 为 1 时的频率
27	多段速频率设定（7 速）	9 999	0 ~ 400 Hz、9 999	RH 为 1、RM 为 1、RL 为 1 时的频率

3.2.4　变频器面板介绍

面板如图 3-1 所示。

1. 单位显示

显示电流时亮灯，显示电压时熄灯，显示设定频率监视时闪烁。

2. 运行模式显示

（1）PU：PU 运行模式时亮灯。

（2）EXT：外部运行模式时亮灯。

（3）NET：网络运行模式时亮灯。

3. 运行状态显示

变频器动作中亮灯或闪烁。

（1）亮灯：正转运行中。

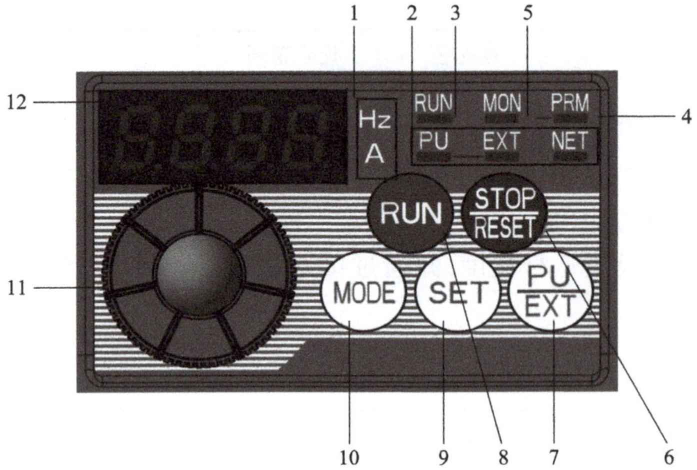

1. 单位显示；2. 运行模式显示；3. 运动状态显示；4. 参数设定模式显示；5. 监视模式显示；
6. 停止运行指令；7. 运行模式切换；8. 启动指令；9. 确定各设定；10. 模式切换；11. M 旋钮；12. 监视器

图 3-9　面板

（2）缓慢闪烁（1.4 s 循环）：反转运行中。

（3）快速闪烁（0.2 s 循环）：按 RUN 键或输入启动指令都无法运行时；有启动指令、频率指令在启动频率以下时；输入了 MRS 信号时。

4. 参数设定模式显示

参数设定模式时亮灯。

5. 监视模式显示

监视模式时亮灯。

6. 停止运行

停止运转指令。保护功能（严重故障）生效时，也可以进行报警复位。

7. 运行模式切换

用于切换 PU/EXT 运行模式。使用外部运行模式（通过另接的频率设定电位器和启动信号启动的运行）时按此键，使表示运行模式的 EXT 处于亮灯状态。（切换至组合模式时，可同时按 MODE，或者变更参数 Pr.79）

8. 启动指令

通过设定参数 Pr.40，以选择旋转方向。

9. 确定各设定

运行中按此键则监视器出现以下显示。

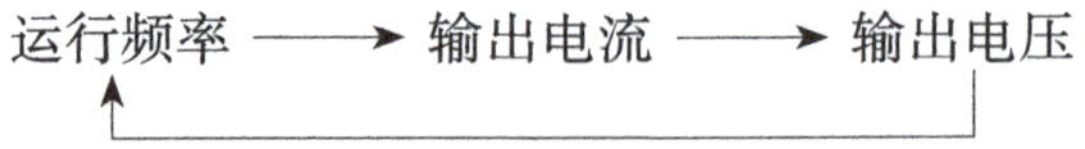

10. 模式切换

用于切换各设定模式，长按此键（2 s）也可锁定操作。

11. M 旋钮

用于变更频率设定、参数的设定值，按下该旋钮可显示以下内容：

（1）监视模式时的设定频率；

（2）校正时的当前设定值；

（3）报警历史模式时的顺序。

12. 监视器（4 位 LED）

显示频率、参数编号等。

3.2.5 参数设定的方法

进行参数设置前，变频器处于面板操作模式，此时 PU 指示灯亮如果没有在 PU 模式，可先设置参数 Pr.79=1 使其固定为 PU 运行模式；外部控制端导线连接断开。

参数设置方法如下：

1. 按下 MODE 键，使 PRM 指示灯点亮，此时进入参数设置界面；
2. 调节面板上的旋钮，选择要设定的参数值的参数编号，如 Pr.79；
3. 调节到参数编号为 Pr.79 后，按下 SET 键，进入参数值设置界面；
4. 调节旋钮，设置参数值为 1；
5. 再次按下 SET 键，确认参数设置值，此时界面会以"1"和"Pr.79"之间交替闪烁，说明参数设置成功。
6. 按下 MODE 键，返回 MON 监视模式。

3.2.6 变频器常用控制方式

1. 面板点动控制

（1）设置 Pr.79=0 或 1，为 0 时，可通过 PU/EXT 键设置变频器为 PU 运行模式；为 1 时，直接为 PU 运行模式。此时 PU 灯亮；

（2）按下 MODE 键，回到 MON 监视模式；

（3）按下 PU/EXT 键，显示 JOG；

（4）按下 RUN 键，变频器以 Pr.15 设定的点动频率运行；

（5）可通过设置 Pr.40 参数实现，电动机转向改变。

2. 面板连续运行

（1）设置 Pr.79 为 0 或 1，变频器设置为 PU 运行模式；

（2）按下 MODE 键，回到 MON 监视模式；

（3）按下 RUN 键，变频器将以最低频率运行；

（4）设定当前运行频率为 40 Hz，在频率监控模式下旋转面板上的旋钮，旋转至 40 Hz，当显示器闪烁时按下 SET 键即可；

（5）按下 STOP 键，电机停止运转。

3. 变频器频率设定与面板启停

变频器频率设定与面板启停电路图如图 3-10 所示。

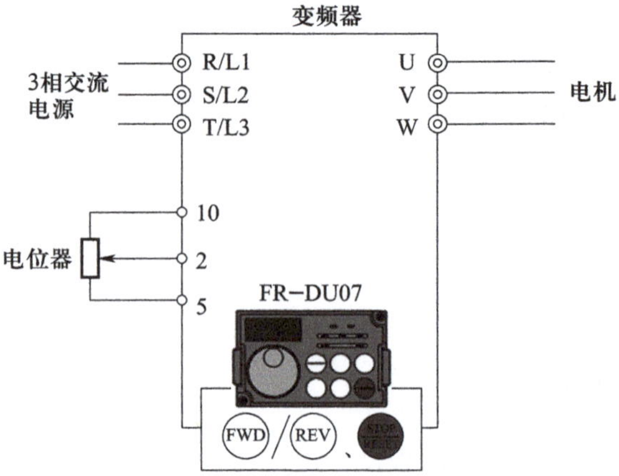

图 3-10　变频器频率设定与面板启停电路

（1）Pr.1 为 50，设置上限频率；

（2）Pr.2 为 5，设置下限频率；

（3）Pr.31 为 35，设置跳变频率 1 A，当电机频率在 30～35 Hz 时，以 Pr.31 的频率 35 Hz 运行；

（4）Pr.32 为 30，设置跳变频率 1 B；

（5）Pr.79 为 4，控制面板启停，给定外部频率。

4. 变频器外部端子控制正反转

变频器外部端子控制正反转电路图如图 3-11 所示。

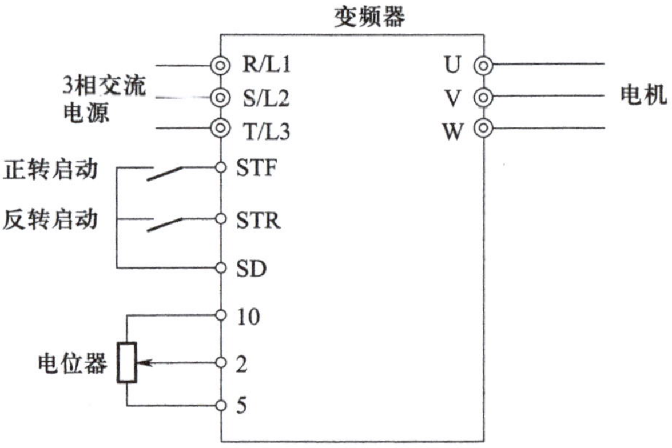

图 3-11　变频器外部端子正反转控制电路

参数设置 Pr.79 为 2，变频器运行方式为外部运行模式，启停信号、运行频率都由外部给定。

5. 变频器多段速控制

变频器多段速控制电路图如图 3-12 所示。

（1）Pr.4 为 20，1 速频率，当 RH 与 SD 接通时，运行 1 速频率 20 Hz；

（2）Pr.5 为 25，2 速频率，当 RM 与 SD 接通时，运行 2 速频率 25 Hz；

（3）Pr.6 为 30，3 速频率，当 RL 与 SD 接通时，运行 3 速频率 30 Hz；

（4）Pr.24 为 35，4 速频率，当 RL 和 RM 同时与 SD 接通时，运行 4 速频率 35 Hz；

（5）Pr.25 为 40，5 速频率，当 RL 和 RH 同时与 SD 接通时，运行 5 速频率 40 Hz；

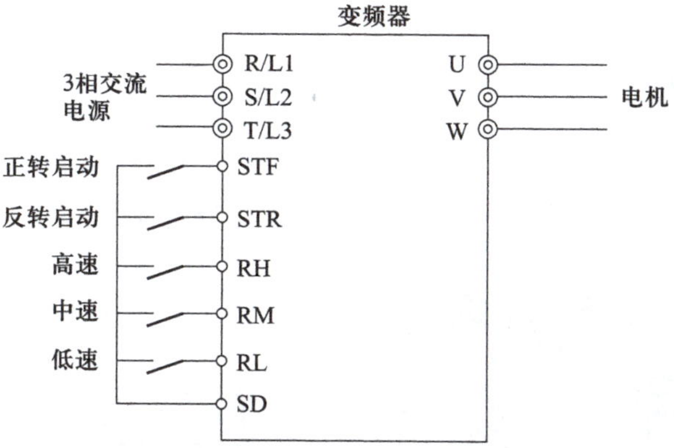

图 3-12　变频器多段速控制电路

（6）Pr.26 为 45，6 速频率，当 RM 和 RH 同时与 SD 接通时，运行 6 速频率 45 Hz；

（7）Pr.27 为 50，7 速频率，当 RL、RM 和 RH 同时与 SD 接通时，运行 7 速频率 50 Hz；

（8）Pr.79 为 2，变频器运行方式为外部运行模式，启停信号、运行频率都由外部给定。

3.3 工作页

3.3.1 任务描述

原选料机构工作台由三相异步电动机通过减速机构带动，工作台移动速度不可调节，现对工作台进行改装，要求用变频器控制三相异步电动机实现对选料机构工作台进行速度调节控制。

3.3.2 任务要求

现对工作台的控制在项目 2 的基础上进行改装，用变频器控制三相异步电动机实现对选料机构工作台进行速度调节控制，具体控制要求：工作台从位置 1 或位置 2 向位置 3 移动时以 30 Hz 高速运行；接近位置 3 时以 10 Hz 低速运行；到达位置 3 时停止；工作台从位置 3 向位置 2 或位置 1 运动时，设置为 20 Hz 中速运行；接近目标位置 2 或位置 1 时，以 10 Hz 低速运行；到达目标位置停止。请按以下步骤逐步完成工作任务。

（1）根据任务描述完成相关引导问题；

（2）根据任务描述，在项目 2 所绘制系统图的基础上绘制电路图；

（3）根据任务要求选择变频器；

（4）根据电路图按标准安装电路；

（5）检测电路；

（6）设置变频器参数；

（7）编写 PLC 控制程序并调试；

（8）完成系统调试；

（9）完成产品移交。

3.3.3 工作过程

1. 任务引导

引导问题 1：查阅资料，完成图 3-13 中各组成部分名称的填写。

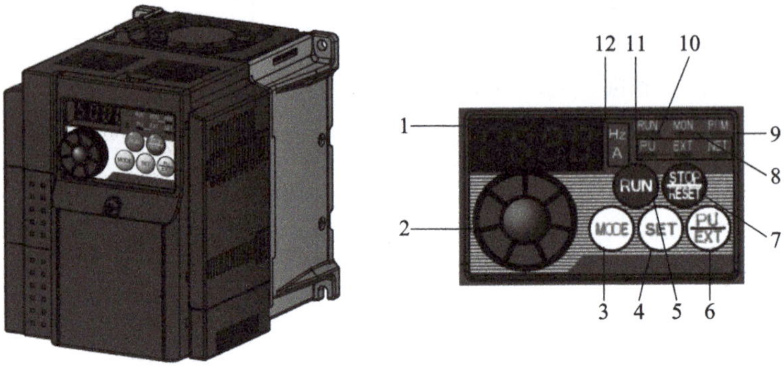

(a) 变频器外观　　(b) 变频器操作面板

图 3-13　FR-D740 变频器

引导问题 2：查阅资料，描述图 3-13 中各部分的功能。

引导问题 3: 如图 3–14 所示为 FR–D740 变频器的主电路接线端,查阅资料,说明变频器主电路中各端子的功能。

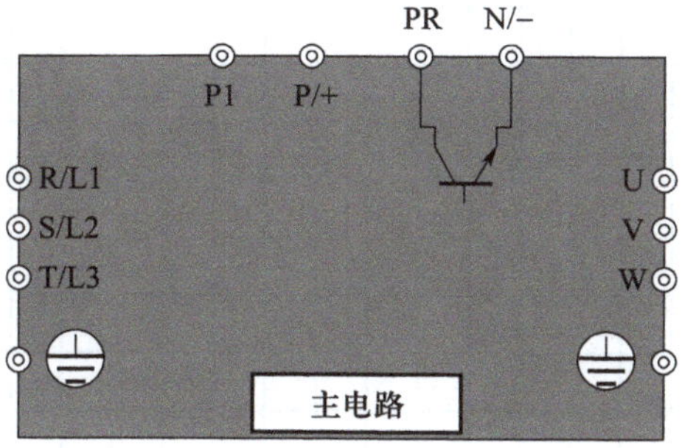

图 3–14 FR–D740 变频器主电路接线图

引导问题 4: 查阅 FR–D740 变频器资料,完成表 3–11。

表 3–11 FR–D740 端子功能

序号	端子	端子名	初始功能	端子功能设置参数号
1	STF			
2	STR			
3	RH			
4	RM			
5	RL			

续表

序号	端子	端子名	初始功能	端子功能设置参数号
6	SD			
7	2			
8	5			
9	10			

引导问题 5: 查阅资料,使用电位器对变频器进行调速,利用外接开关实现变频器启停的功能,写出应设置的参数号及参数值。

引导问题 6: 机械设备在运行时应避开机械共振点,FR-D740 变频器可设置三组参数避开三个共振频率。请填写表 3-12 空格处参数号。

表 3-12 FR-D740 变频器共振频率参数

参数号	名称	初始值
Pr.31	频率跳变 1A	9 999
Pr.32	频率跳变 1B	9 999
	频率跳变 2A	9 999
	频率跳变 2B	9 999
	频率跳变 3A	9 999
	频率跳变 3B	9 999

设置 Pr.31=20 Hz、Pr.32=25 Hz,当机械设备运行到 20 ~ 25 Hz 时,变频器将以____Hz 运行。

2. 工作计划

(1) 填写分工表

根据任务要求,由组长组织小组成员讨论,合理分工,并填写表 3-13。

表 3-13 任务分工

序号	组员姓名	组员任务分工	备注

（2）填写工作计划表

根据小组成员任务分工，对任务内容进行细化，提出工作要求和完成工作时间，制订对应的工作计划，并完成表 3-14。

表 3-14 工作计划

序号	工作内容	完成时间	工作要求	负责人	备注

（3）列出工具、仪表、器材清单

根据完成任务内容，统计完成任务所需的工具、仪表和器材，并填写表 3-15 ~ 表 3-17。

表 3-15 工具统计

序号	名称	型号	规格	数量	备注

表 3-16　仪表统计

序号	名称	型号	规格	数量	备注

表 3-17　器材统计

序号	名称	型号	规格	数量	备注

（4）成本预算

明确企业生产涉及的成本因素，有利于过程质量管理，在表 3–18 中列举电气设备生产加工涉及的成本因素，参照规模化生产标准，查找计算办法，并向团队的其他人介绍成本计算结果。

表 3-18　成本预算

序号	项目	价格	备注

（5）绘制修改控制电路

根据任务描述，在项目 2 图纸的基础上绘制修改部分控制电路。

（6）制订计划

制订电气安装工艺计划，明确安装标准。

(7) 设计 PLC 程序方案

根据选料机构控制要求,设计 PLC 控制程序并记录。

① I/O 分配表(表 3-19)。

表 3-19 I/O 分配

序号	符号地址	操作数	注释

② 编写 PLC 程序。

（8）写出变频器参数

根据任务要求，写出满足要求的变频器参数。

3. 生产准备

（1）检查与决策

安装控制电路及气动回路前，进行关键工艺技术的检查、决策，按表 3–20 中的要点执行。

表 3–20　生产准备检查

序号	决策点	请决策	
1	电路图绘制是否正确	是○	否○
2	控制柜元器件布局图是否科学	是○	否○
3	接线图是否正确	是○	否○
4	布线工艺是否符合标准	是○	否○
5	工具准备已完成	是○	否○
6	仪器准备已完成	是○	否○
7	材料准备完善、合理	是○	否○
8	工位整理已确认	是○	否○
9	元器件清查已完成	是○	否○
10	PLC 程序方案已完成	是○	否○
11	变频器参数方案是否正确	是○	否○
12	场室使用要求已明确	是○	否○
13	劳动保护达到要求	是○	否○

（2）问题记录

若准备工作存在问题，请写明原因。

4. 操作实施

按照小组制定的最佳方案进行电路的安装与调试。

（1）工作步骤 1：系统安装与调试

按工艺工序计划实施控制系统安装与调试，并将结果填入表 3–21 中。

表 3–21　系统安装与调试步骤

步骤	事项	完成
1	按布局安装好电气元器件	是○　否○
2	将所有元器件做好标识	是○　否○
3	安装主电路	是○　否○
4	安装 PLC 电路	是○　否○
5	安装变频器控制电路	是○　否○
6	利用仪表实施电气控制电路常规检查、绝缘检查，并对关键技术点进行检查，保证电路具有通电条件	是○　否○
7	编写 PLC 程序，按任务描述编写 PLC 程序，以实现其控制功能	是○　否○
8	按控制要求设置变频器参数	是○　否○
9	通电试车，调试，完成工作台调速功能	是○　否○
10	工位整理	是○　否○

（2）工作步骤 2：电气动系统关键点检查

在表 3-22 中记录常规检查的要点和结果。另需补充检测关键点可填到空白处。

表 3-22　电气动系统检查

步骤	测量项目	检查关键点	检查 / 测量方式	测量值	规定值	测量值正常
1	元器件标识	所有的元器件已贴标识	目测			是○　否○
2	元器件检查	所有元器件无损坏	目测 / 仪表检测			是○　否○
3	气管接头	所有气管安装牢固	目测			是○　否○
4	气管布设	气管按专业要求布设	目测			是○　否○
5	导线连接	导线连接规范整洁	目测			是○　否○
6	导线外观	导线无损坏	目测			是○　否○
7	按图接线	按电路图布线	目测			是○　否○
8	绝缘电阻	L1–L2	仪表测量			是○　否○
9		L1–L3	仪表测量			是○　否○
10		L2–L3	仪表测量			是○　否○
11		L1–N	仪表测量			是○　否○
12		L2–N	仪表测量			是○　否○
13		L3–N	仪表测量			是○　否○
14	PE 线导通性	电源插头 – 控制柜门	仪表测量			是○　否○
15		电源插头 – 执行机构	仪表测量			是○　否○
16	电源电压	L1–N	仪表测量			是○　否○
17		L2–N	仪表测量			是○　否○
18		L3–N	仪表测量			是○　否○
19	DC 24 V 电压	X3：1–X3：6	仪表测量			是○　否○
20	变频器参数	Pr.79 参数设置正确	通电查看参数			是○　否○
22	系统功能	系统运行正常	通电功能测试			是○　否○

（3）工作步骤 3：编写用户使用手册

编写用户使用手册，明确产品可能出现的操作问题及解决方法。

5. 产品移交与评价

产品安装调试完成后，参照表 3–23 指标向指导教师提交作品及资料，指导教师评价学生学习成果。

表 3–23　项目评分

移交目录	技术要求	技术标准	分值	得分	权重
产品	元器件标识	每个元件按图纸粘贴标识，标识正确、醒目	1		0.5
	变频器安装	远离潮湿、高温、振动等环境，上下空间间隔 10 cm 以上，左右、正面间隔 1 cm 以上	1		
	连线	牢固、线头处理正确、接线正确	1		
	布线	平直、不交叉、不跨接	1		
	PE 线	变频器、PLC、开关电源、电机等 PE 线连接符合规范	1		
	通电测试	完成产品功能	4		
	功能描述	现场设备操作及讲解	1		
			合计 1		

续表

移交目录	技术要求	技术标准	分值	得分	权重
技术资料	任务引导	资料完成情况	4		0.3
	工作计划	资料完成情况	3		
	生产准备	资料完成情况	1		
	任务实施	资料完成情况	2		
			合计 2		
现场	工位整理	工具摆放	5		0.2
		垃圾处理	5		
			合计 3		
			总分		

6. 总结与提高

（1）工作总结

① 制作小组工作结果展示材料，进行展示汇报，总结收获、不足和改进措施。

② 记录本次工作所接触到的知识。

（2）思考与提高

在本任务中采用 PLC 模拟量对变频器进行调速。

① 列出完成此功能需增加的器材。

② 画出此功能的电 – 气动回路。

③ 写出完成此功能所需的 PLC 程序。

④ 列出此功能的变频器参数。

项目 4 选料机构工作台定位控制电路的安装与调试

4.1 学习要求

4.1.1 知识目标

1. 了解步进电机的工作原理；
2. 掌握步进驱动器的使用方法；
3. 了解伺服驱动系统的分类和控制模式；
4. 掌握台达 B2 伺服系统接线端子功能及位置控制参数设置方法；
5. 掌握 PLC 与步进电机及伺服系统位置控制的接线方法；
6. 掌握 PLC 定位控制的编程方法。

4.1.2 能力目标

1. 能够根据图纸要求，接受安装任务；
2. 能够收集安装信息，制订工作计划；
3. 能够正确选择器材；
4. 能够正确使用工具，按接线标准对电路进行安装；
5. 能够正确使用仪表对电气回路进行检测调试；
6. 能够根据控制要求正确设置参数；
7. 能够总结安装调试过程。

4.1.3 素质目标

1. 能够考虑安全与环保因素，遵守 6S 管理与安全规范；
2. 能够考虑成本因素，养成勤俭节约的良好品德；
3. 通过课后查阅资料完成加强练习，培养学生信息查询能力；
4. 通过理解定位控制电路的基本原理和组成部分，提高理解和分析能力；

5. 根据实际需求调整和优化定位控制电路的设计,提高团队协作能力;

6. 主动学习新技术、新方法,不断提升专业技能,提升终身学习的能力。

4.2 知识导航

4.2.1 S7-1200 运动控制

1. 硬件组态

微课知识点 4.1
硬件组态

(1)新建项目,添加 CPU

打开 TIA(Portal)软件,新建项目“MotionControl”,单击项目树中的“添加新设备”选项,添加“CPU 1214C DC/DC/DC”,如图 4-1 所示。

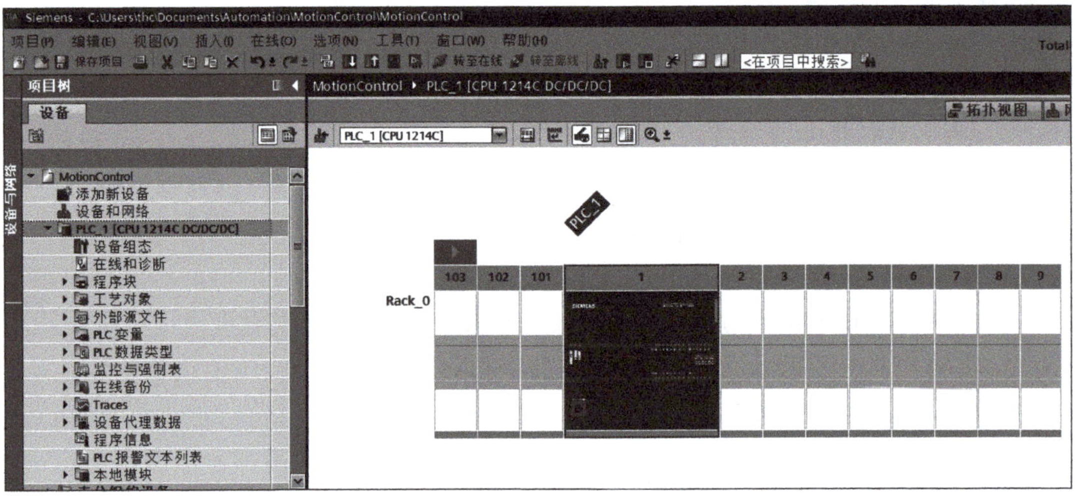

图 4-1 新建项目,添加 CPU

(2)启用脉冲发生器

在设备视图中,选择“属性”→“常规”→“脉冲发生器(PTO/PWM)”→“PTO1/PWM1”。勾选“启用该脉冲信号发生器”,如图 4-2 所示,表示启用“PTO1/PWM1”脉冲信号发生器。

(3)选择脉冲发生器的类型

在设备视图中,选择“属性”→“常规”→“脉冲发生器(PTO/PWM)”→“PTO1/PWM1”→“参数分配”,选择信号类型为“PTO(脉冲 A 和方向 B)”,如图 4-3 所示。

信号类型分为 PWM 与 P70,P70 又可分为脉冲 A 和方向 B、正数 A 和倒数 B、A/B 移相,以及 A/B 移相—四倍频。

① PWM:脉宽调制输出,即输出脉宽可调的连续脉冲,主要应用于阀门调节,温度控制等。

② PTO:脉冲串输出,即输出脉宽为 50% 的一串脉冲,主要应用于定位控制。

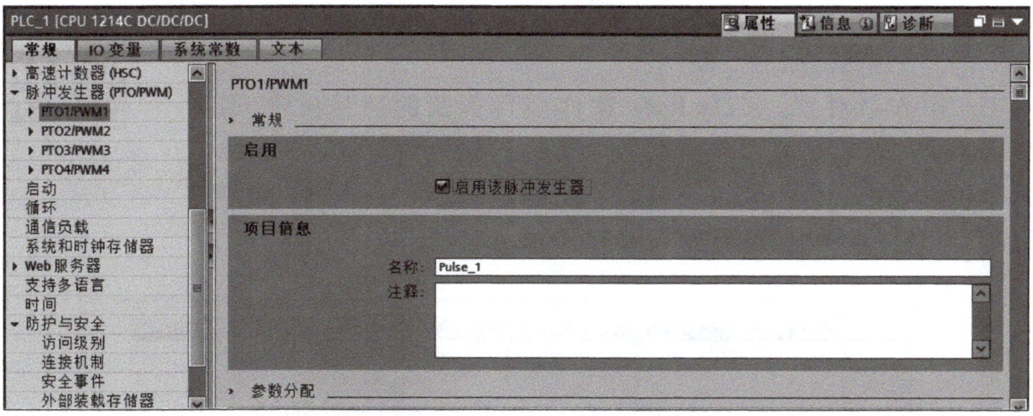

图 4-2　启用脉冲发生器

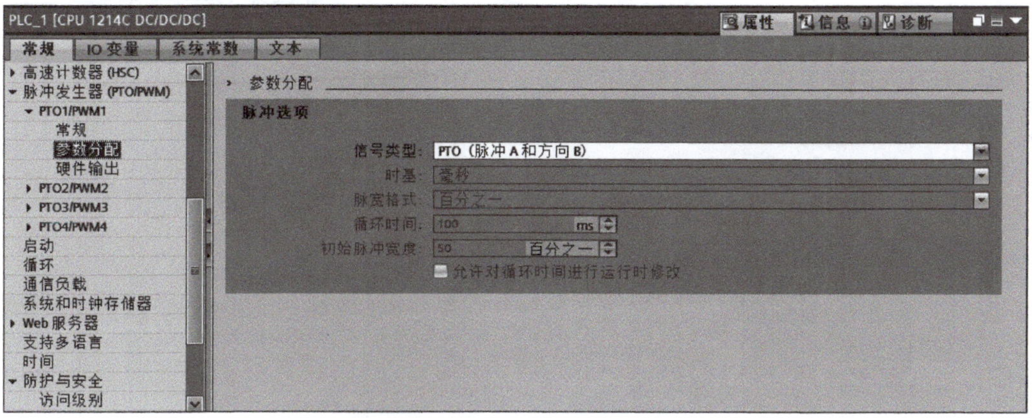

图 4-3　脉冲发生器类型选择

（4）配置硬件输出

在设备视图中，选择“属性”→“常规”→“脉冲发生器（PTO/PWM）”→“PTO1/PWM1”→“硬件输出”，选择脉冲输出为 %Q0.0，勾选“启动方向输出”，选择方向输出为 %Q0.1，如图 4-4 所示。

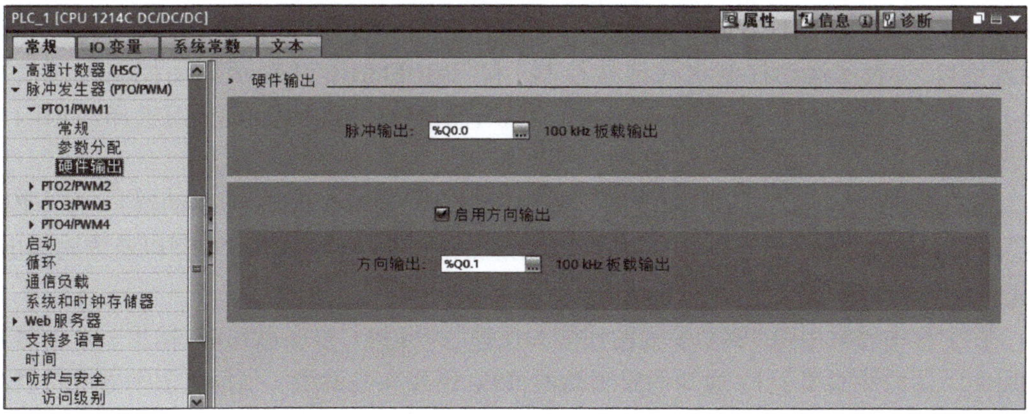

图 4-4　硬件输出

2. 工艺对象“轴”配置

(1) 工艺参数配置

微课知识点 4.2
工艺对象“轴”
配置

① 插入新对象：在 TIA Portal 软件项目视图的项目树中，选择“MotionControl”→“PLC_1”→“工艺对象”→“插入新对象”，在弹出的“新增对象”界面，选择“运动控制”→“TO_PositioningAxis”，将其命名为“X 轴”，如图 4–5 所示。

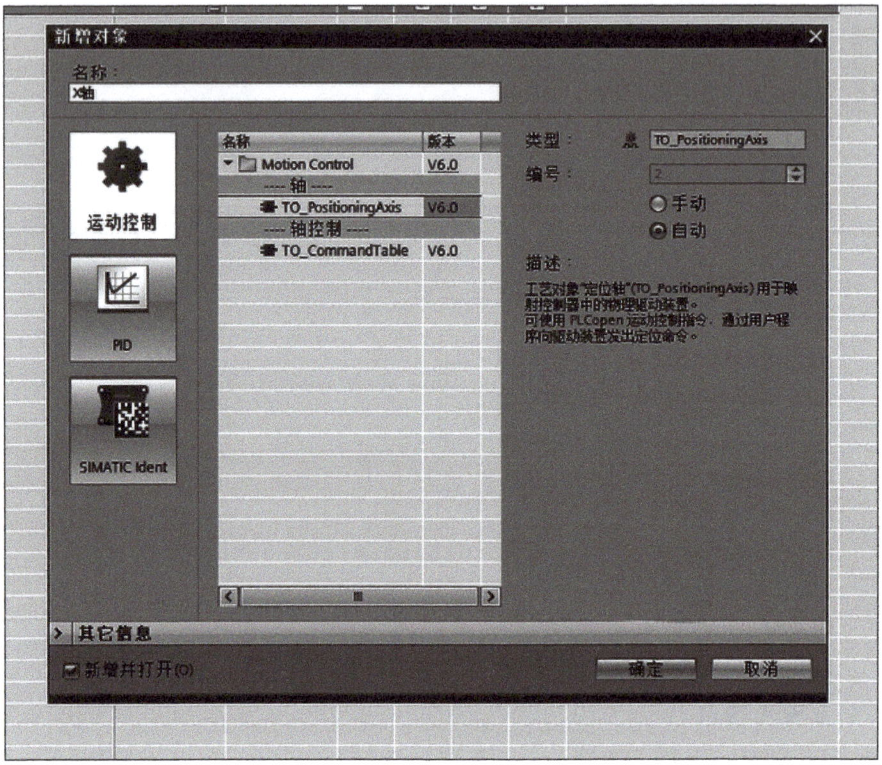

图 4–5 新增对象

② 配置常规参数：在“功能图”视图中，选择“基本参数”→“常规”，“驱动器”项目中有三个选项：“PTO（Pulse Train Output）”（表示运动控制由脉冲控制）、“模拟驱动装置接口”（表示运动控制由模拟量控制）和“PROFIdrive”（表示运动控制由通信控制），这里选择“PTO（Pulse Train Output）”选项，测量单位可根据实际情况选择，如图 4–6 所示。

③ 配置驱动器参数：在“功能图”视图中，选择“基本参数”→“驱动器”。在“驱动器”中，选择 PLC 脉冲发生器“Pulse_1”，其对应的脉冲输出点和信号类型以及方向输出，都已在硬件配置时定义了，此处不做修改。

在工程中经常用到“驱动装置的使能和反馈”。当 PLC 准备就绪时，输出一个信号到伺服驱动器的使能端子上，通知伺服驱动器，PLC 已经准备就绪。当伺服驱动器准备就绪后发出一个信号到 PLC 的输入端，通知 PLC，伺服驱动器已经准备就绪，如图 4–7 所示。

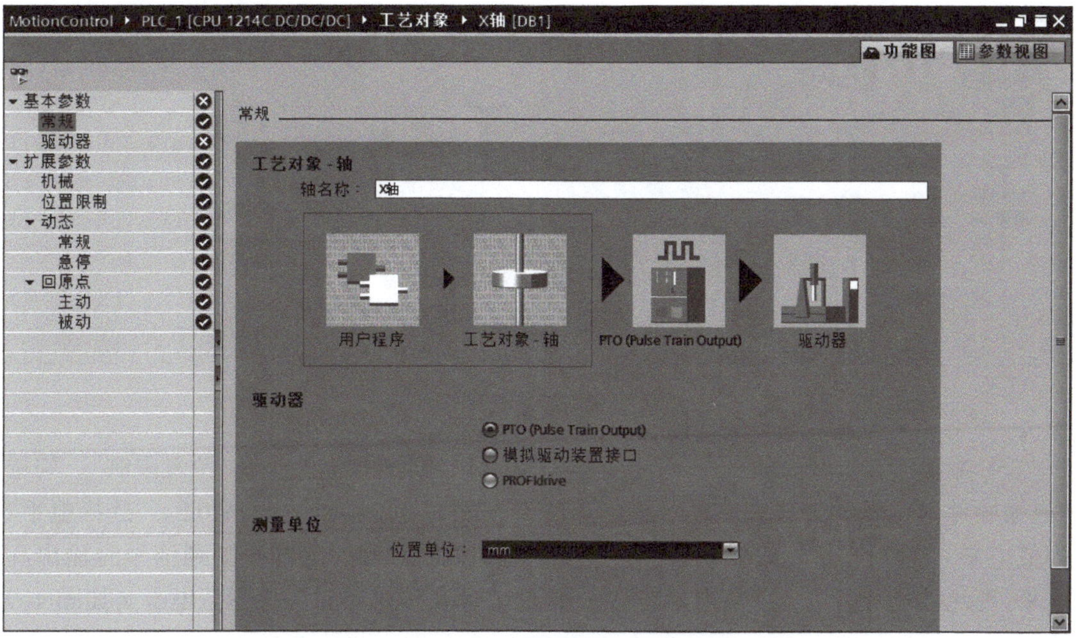

图 4–6　配置常规参数

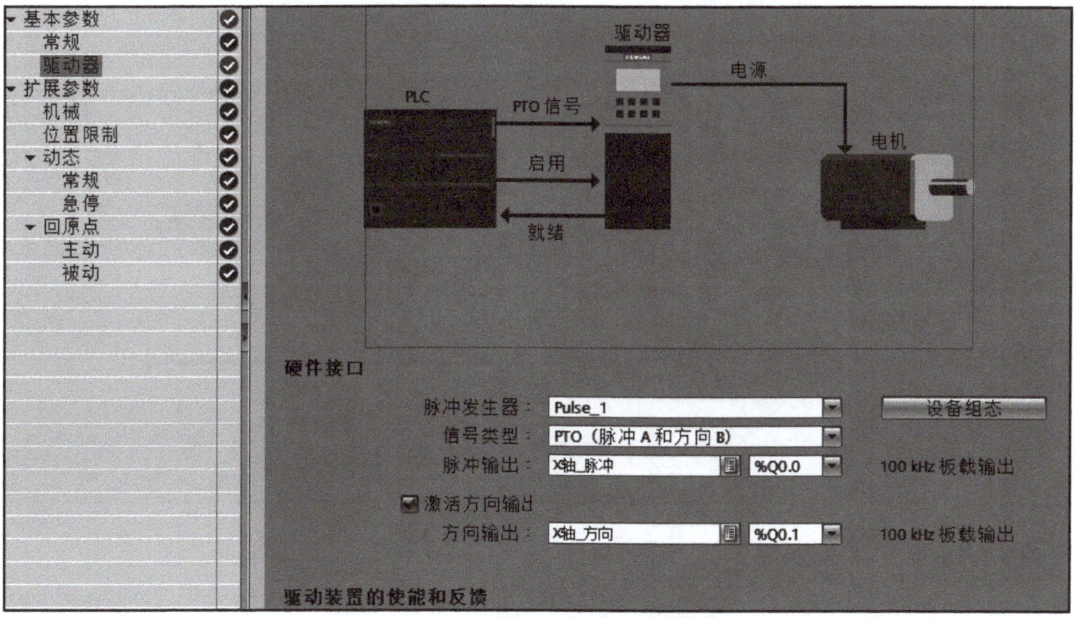

图 4–7　配置驱动器参数

④ 配置机械参数：在“功能图”视图中，选择“扩展参数”→“机械”。设置“电机每转的脉冲数”为 10 000，此参数取决于伺服电动机自带编码器的参数（或步进驱动器的细分设置）。“电机每转的负载位移”取决于机械结构，若伺服电动机与丝杆直接相连接，则此参数就是丝杆的导程（导程 = 螺距 × 线数）。工作台运动方向与设计的运动方向相反时，勾选“反向信号”，如图 4–8 所示。

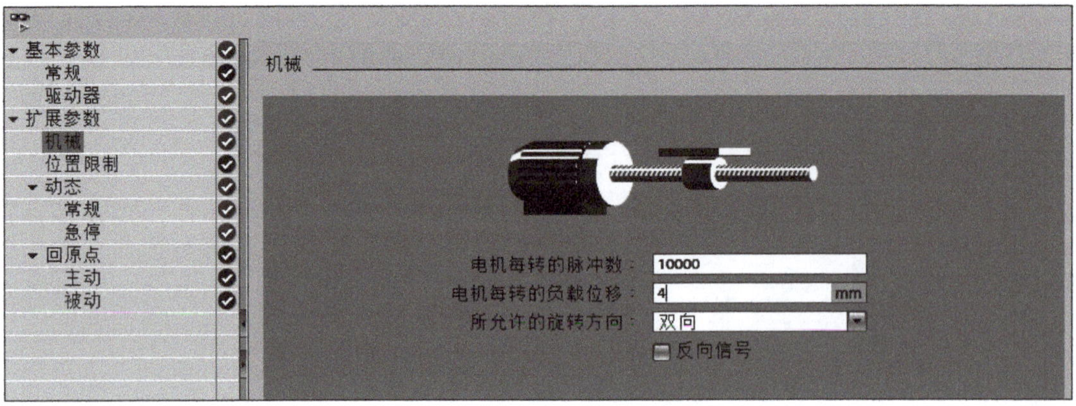

图 4-8　配置机械参数

⑤ 配置位置限制参数：在“功能图”视图中，选择“扩展参数”→“位置限制”。勾选“启动硬件限位开关”，这里设置下限位开关为 %I0.4，上限位开关为 %I0.5。“选择电平”为低电平（若限位开关接入的是 PNP 型传感器，因 PNP 型传感器检测到信号时输出高电平，则此处电平就应选择高电平，反之，接入 NPN 型传感器时应选择低电平），如图 4-9 所示。

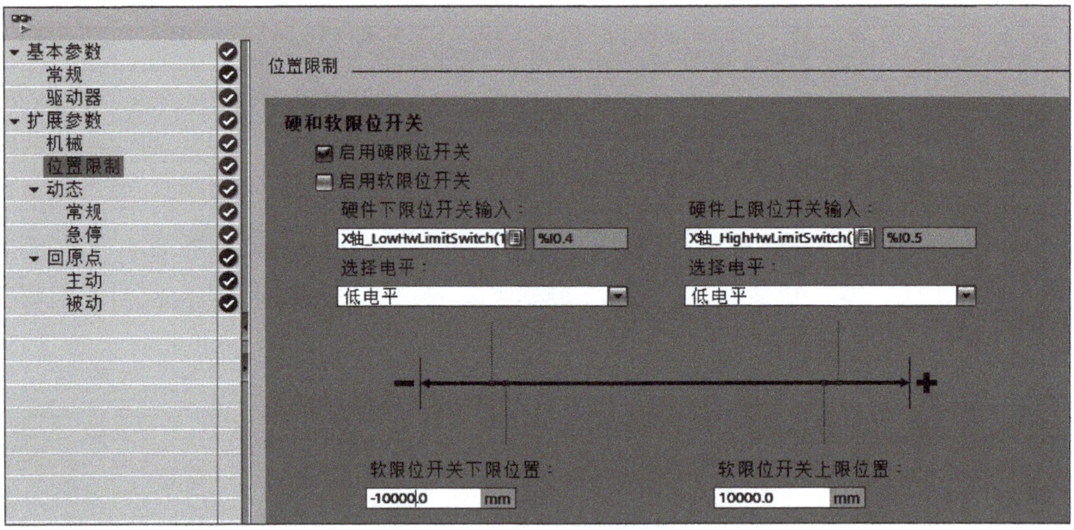

图 4-9　配置位置限制参数

⑥ 配置动态参数：在“功能图”视图中，选择“扩展参数”→“动态”→“常规”。根据实际情况修改最大转速、启动 / 停止速度、加速时间和减速时间等参数，如图 4-10 所示。

在设置急停相关设置时，减速时间要最小，防止因干涉发生碰撞，如图 4-11 所示。

⑦ 配置回原点参数：在“功能图”视图中，选择“扩展参数”→“回原点”→“主动”。根据原点设置，选择“输入原点开关”是 %I0.2，由于原点开关选择的是 PNP 型传感器，所以“选择电平”为高电平，如图 4-12 所示。

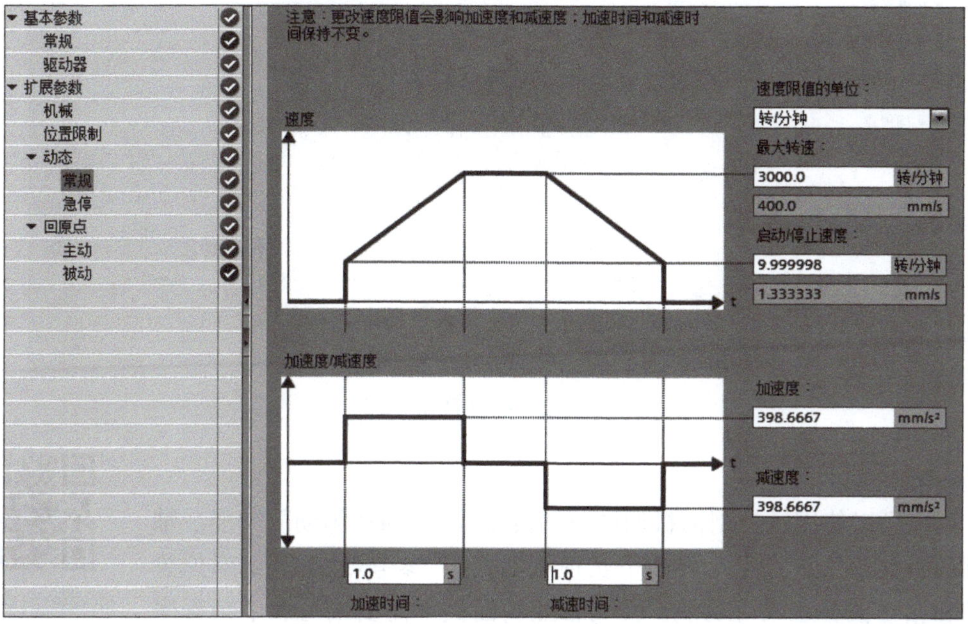

图 4-10　配置动态参数（常规）

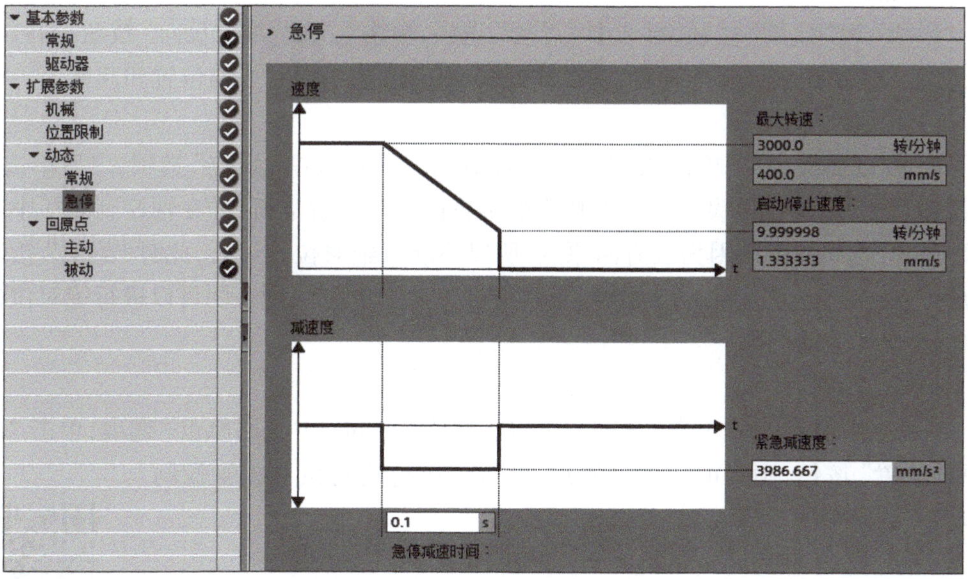

图 4-11　配置动态参数（急停）

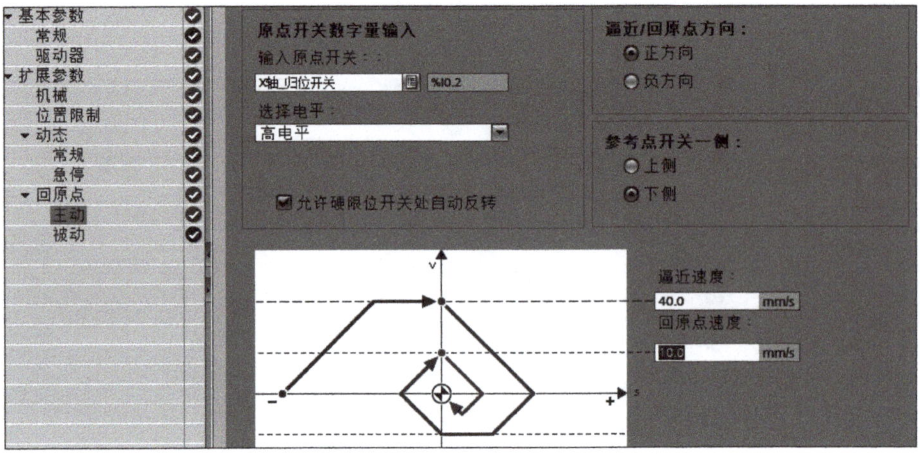

图 4-12　配置回原点参数

3. 轴控制面板

用户可以使用轴控制面板调试驱动设备、测试轴和驱动的功能。轴控制面板允许用户在手动方式下实现点动控制、参考点定位、绝对位置运动和相对位置运动等功能。使用轴控制面板不需要编写和下载程序代码。

微课知识点 4.3
轴控制面板调试

（1）点动控制

在 TIA Portal 软件项目视图的项目树中，选择“Motion Control”→“PLC_1”→“工艺对象”→“插入新对象”→“Axis_1”→“调试”，双击“调试”选项，打开轴控制面板。先单击“激活”和“启用”按钮，再选中“点动”选项，单击“正向”或“反向”按钮，伺服电动机以设定的速度正向或反向运行，并在轴控制面板中，实时显示当前位置和速度。

（2）定位控制

在轴控制面板中，先单击“激活”和“启动”按钮，再选中“定位”选项，之后单击“相对”按钮，伺服电动机以设定的速度从当前位置向设定位置运行，并在轴控制面板中实时显示当前位置和速度。因为没有回原点，所以不能以绝对位移运行，此时“绝对”按钮显示为灰色。如果已经回原点，“绝对”和“相对”按钮均亮起，则表明可以进行绝对位移运动和相对位移运动控制。

（3）回原点控制

在轴控制面板中，先单击“激活”和“启动”按钮，再选中“回原点”选项，单击“设置回原点位置”按钮，则当前位置为原点，就可以进行绝对位移位置控制操作。

4. 运动指令

（1）MC_Power

指令名称：启动 / 禁用轴。

微课知识点 4.4
运动指令

功能：使能轴或禁用轴。

使用要点：在程序里一直调用，并在执行其他 Motion Control 指令之前调用并使能。

端口：MC_Power 指令的输入端为 EN、Axis、Enable、StartMode、StopMode，输出端为 ENO、Status、Busy、Error、ErrorID 与 ErrorInfo，如图 4–13 所示。

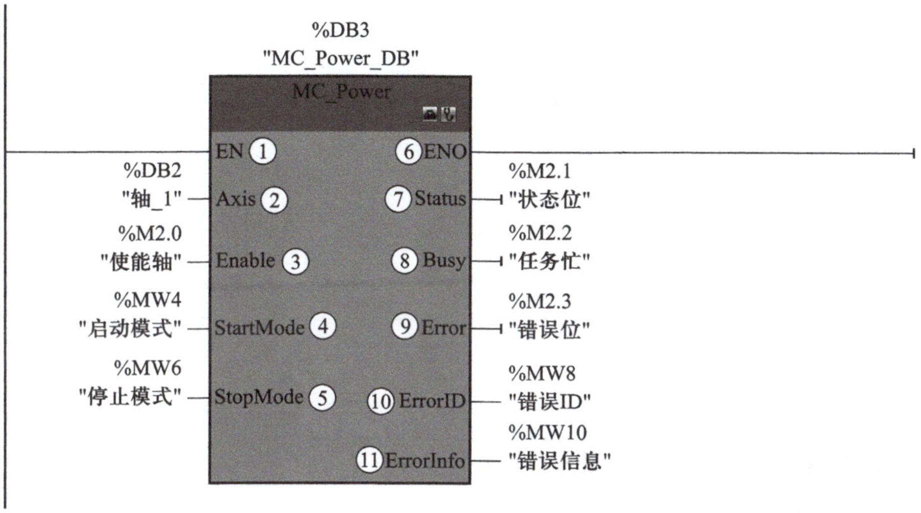

图 4–13　启动 / 禁用轴指令 MC_Power

① EN：MC_Power 指令的使能端。

② Axis：轴名称，其输入方式如下。

a. 用鼠标直接从项目树中拖拽轴的工艺对象，如图 4–14 所示。

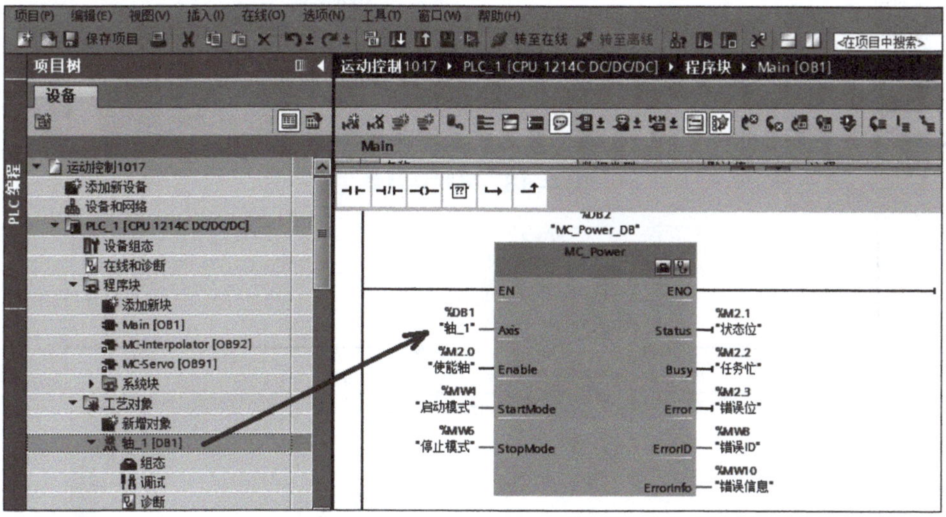

图 4–14　工艺轴位置

b. 用键盘输入字符，则 TIA Portal 软件会自动显示可以添加的轴对象，如图 4–15 所示。

c. 使用复制粘贴的方式输入轴名称，如图 4–16 所示。

d. 双击“Aixs”,系统会出现右边带可选按钮的白色长条框,单击该可选按钮,出现如图 4-17 所示的列表。

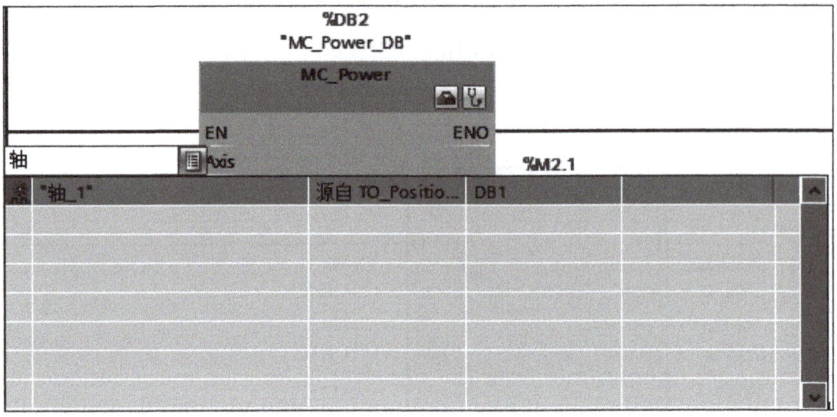

图 4-15　添加轴对象

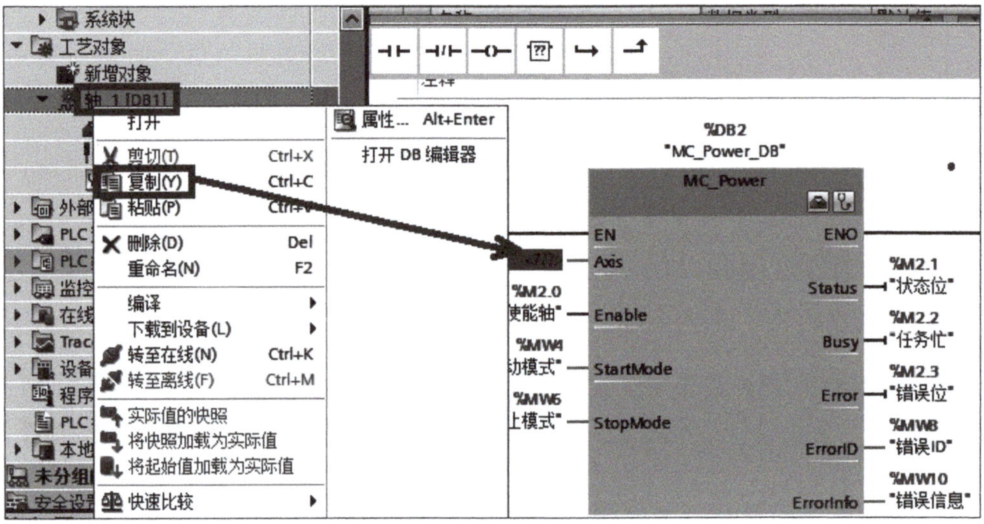

图 4-16　复制轴对象

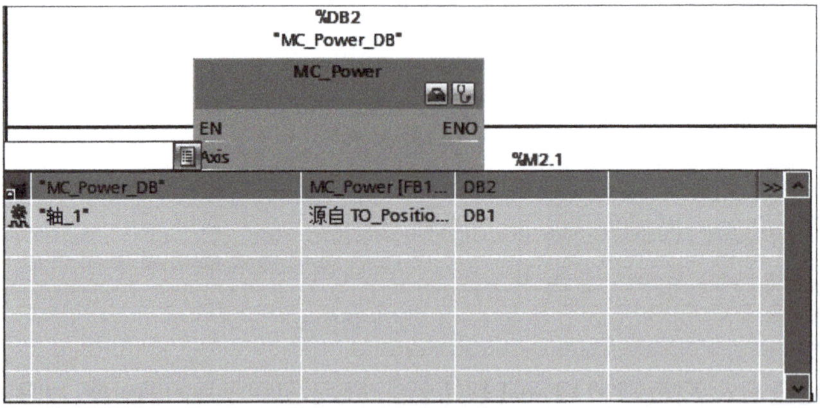

图 4-17　选择添加轴对象

③ Enable：轴使能端。

Enable = 0，根据 StopMode 设置的模式来停止当前轴的运行；

Enable = 1，若组态了轴的驱动信号，则 Enable=1 时将接通驱动器的电源。

④ StartMode：轴启用端。

StartMode=0，启用位置不受控的定位轴，即速度控制模式；

StartMode=1，启用位置受控的定位轴，即位置控制模式。

注意：1. 使用带 PTO（Pulse Train Output）驱动器的定位轴时忽略该参数。2. 只有在信号检测（False 变为 True）期间才会评估 StartMode 参数。

⑤ StopMode：轴停止模式。

StopMode= 0：紧急停止，按照轴工艺对象参数中的“急停”速度或时间来停止轴，急停曲线如图 4–18 所示。

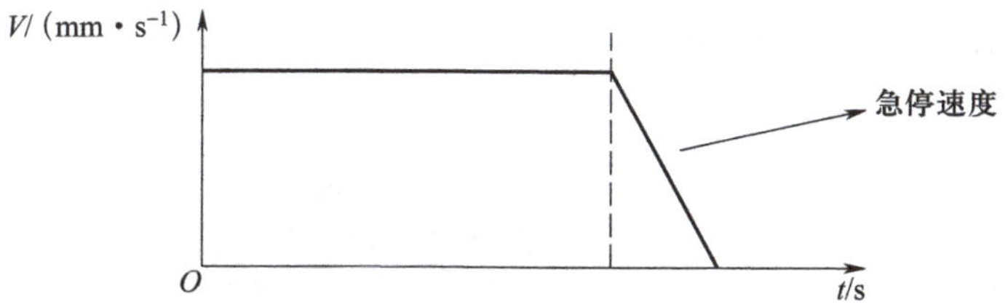

图 4–18　急停曲线

StopMode=1，立即停止，PLC 立即停止发射脉冲，立即停止曲线如图 4–19 所示。

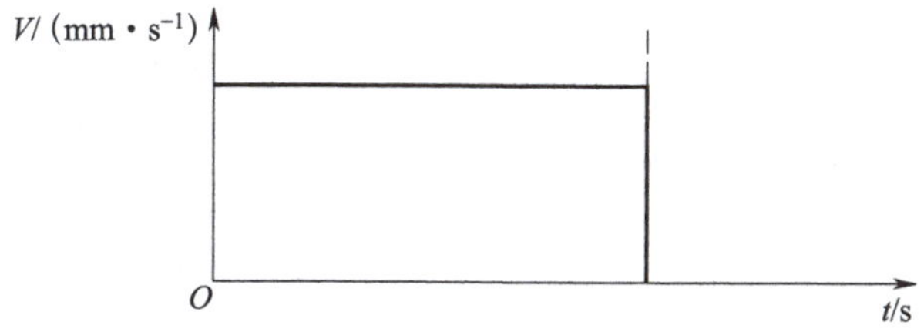

图 4–19　立即停止曲线

StopMode=2，带有加速度变化率控制的紧急停止。若用户组态了加速度变化率，则轴在减速时会把加速度变化率考虑在内，减速曲线变得平滑，如图 4–20 所示。

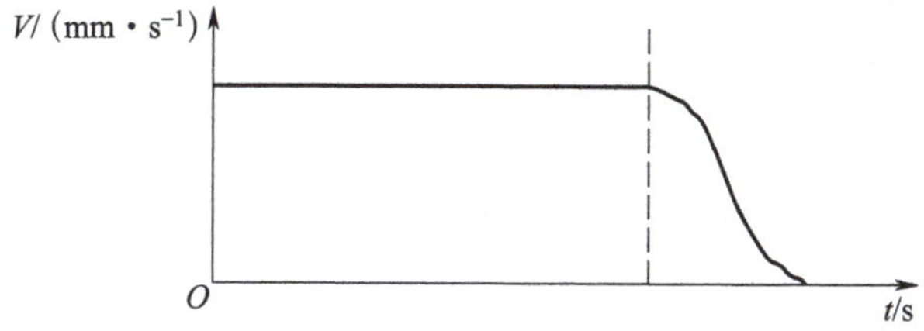

图 4–20　带有加速度变化率控制的紧急停止曲线

⑥ ENO：使能输出。

⑦ Status：轴的使能状态。

⑧ Busy：标记 MC_Power 指令是否处于活动状态。

⑨ Error：标记 MC_Power 指令是否产生错误。

⑩ ErrorID：当 MC_Power 指令产生错误时，用 ErrorID 表示错误号。

⑪ ErrorInfo：当 MC_Power 指令产生错误时，用 ErrorInfo 表示错误信息。结合 ErrorID 和 ErrorInfo 数值，查看手册或 TIA Portal 软件的帮助信息中的说明，可以查明错误原因。

（2）MC_Reset

指令名称：确认故障。

功能：用来确认伴随轴停止出现的运行错误和组态错误。

使用要点：Execute 端口应用上升沿触发。

端口：MC_Reset 指令的输入端为 EN、Axis、Execute、Restart，输出端为 ENO、Done、Busy、Error、ErrorID 与 ErrorInfo，如图 4-21 所示。

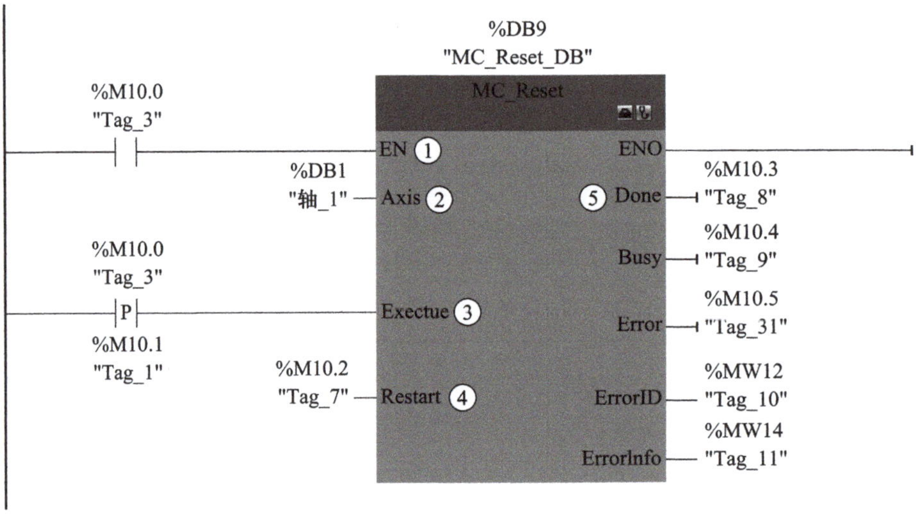

图 4-21　确认故障指令 MC_Reset

① EN：MC_Reset 指令的使能端。

② Axis：轴名称。

③ Execute：MC_Reset 指令的启动位。

④ Restart：各赋值的作用如下。

Restart = 0，确认错误。

Restart = 1，将轴的组态从装载存储器下载到工作存储器（仅在禁用轴的时候才能执行该命令）。

⑤ Done：表示轴的错误已确认。

其他输出端与 MC_Power 指令相同，此处不再赘述。

（3）MC_Home

指令名称：回原点指令。

功能：使轴归位，设置参考点，用来将轴坐标与实际的物理驱动器位置进行匹配。

使用要点：轴做绝对位置定位前必须触发 MC_Home 指令。

端口：MC_Home 指令的输入端为 EN、Axis、Excute、Position、Mode，输出端为 ENO、Done、Busy、CommandAborted、Error、ErrorID 与 ErrorInfo，前文中出现过的端口此处不再赘述，如图 4–22 所示。

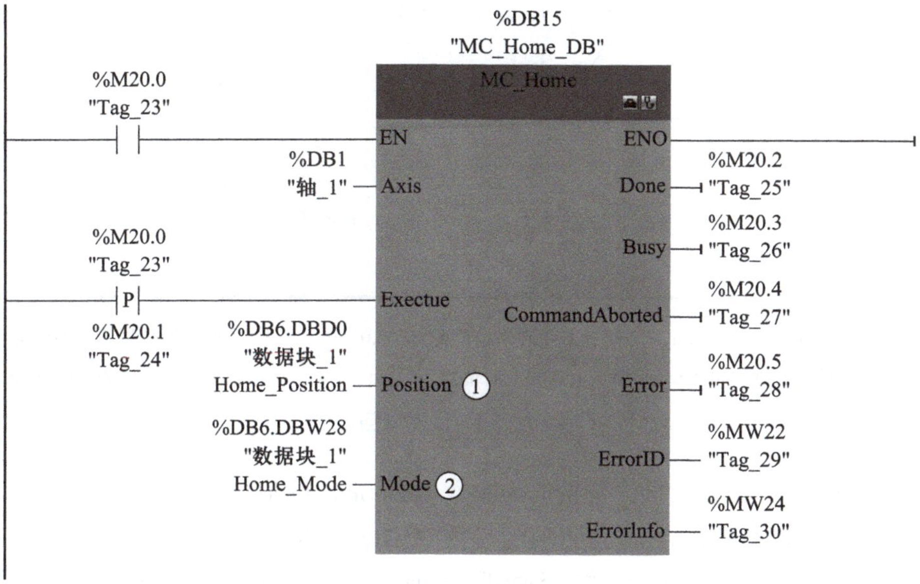

图 4–22　回原点指令 MC_Home

① Position：位置值。

Position = 1，对当前轴位置的修正值。

Position = 0，2，3，轴的绝对位置值。

② Mode：回原点模式值。

Mode = 0，绝对式直接回零点，轴的位置值为参数“Position”的值。

以图 4–23 为例，该模式下的 MC_Home 指令触发后轴并不运行，也不会去寻找原点开关。指令执行后的结果：轴的坐标值更新成新的坐标，新的坐标值就是 MC_Home 指令的 Position 数值。此处 Position=0.0 mm，则轴的当前坐标值更新为 0.0 mm。该坐标值属于绝对坐标值，即相当于轴已经建立了绝对坐标系，可以进行绝对运动。其优点：该模式可以让用户在没有原点开关的情况下，进行绝对运动操作。

Mode = 1，相对式直接回零点，轴的位置值等于当前轴位置 + 参数“Position”的值。

与 Mode = 0 相同，以该模式触发 MC_Home 指令后轴不运行，只是更新轴的当前位置值。更新的方式与 Mode = 0 不同，是在轴原来坐标值的基础上加上 Position 的数值后得到的坐标值作为轴当前位置的新值。

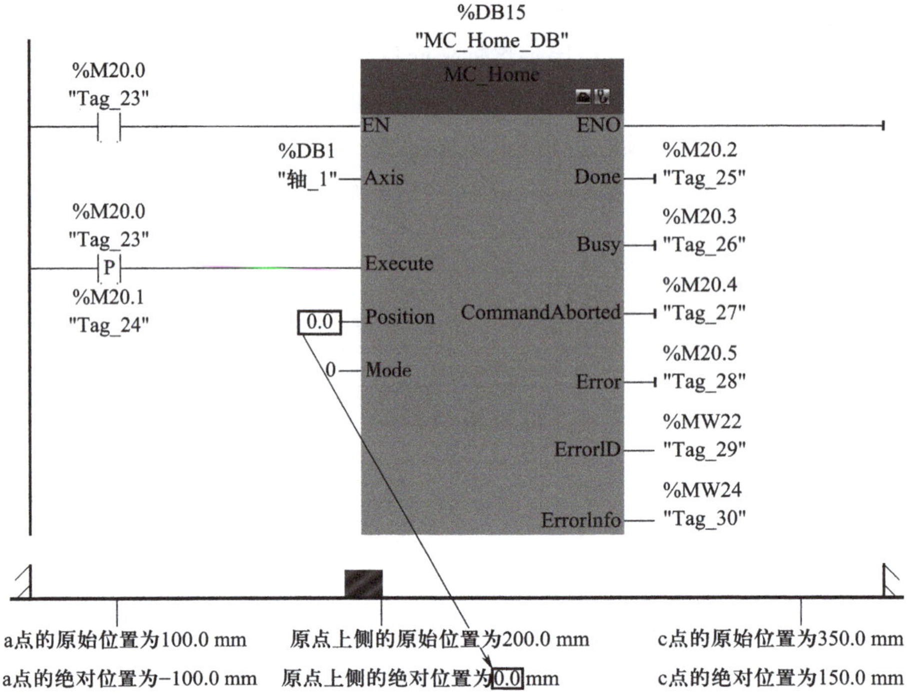

图 4-23　绝对式直接回原点

Mode = 2，被动回零点，轴的位置值为参数 “Position” 的值。

Mode = 3，主动回零点，轴的位置值为参数 “Position” 的值。

注意：用户可以通过执行 <轴名称>.StatusBits.HomingDone = TRUE 或使运动控制指令 MC_Home 的输出参数 Done = TRUE 进行运算，来检查轴是否已回原点。

（4）MC_Halt

指令名称：停止轴运行指令。

功能：停止所有运动并以组态的减速度停止轴。

使用要点：常用 MC_Halt 指令来停止通过 MC_MoveVelocity 指令触发的轴的运行。

端口：MC_Halt 指令的输入端为 EN、Axis、Execute，输出端为 ENO、Done、Basy、CommandAborted、Error、ErrorID 与 ErrorInfo。端口的功能在前文中已有说明，此处不再赘述，如图 4-24 所示。

（5）MC_MoveAbsolute

指令名称：绝对位置指令。

功能：使轴以某一速度进行绝对位置定位。

使用要点：在使能绝对位置指令之前，轴必须回原点。因此 MC_MoveAbsolute 指令之前必须有 MC_Home 指令。

端口：MC_MoveAbsolute 指令的输入端为 EN、Axis、Execute、Postion、Velocity，输出端为 ENO、Done、Busy、CommandAborted、Error、ErrorID 与 ErrorInfo，如图 4-25 所示。

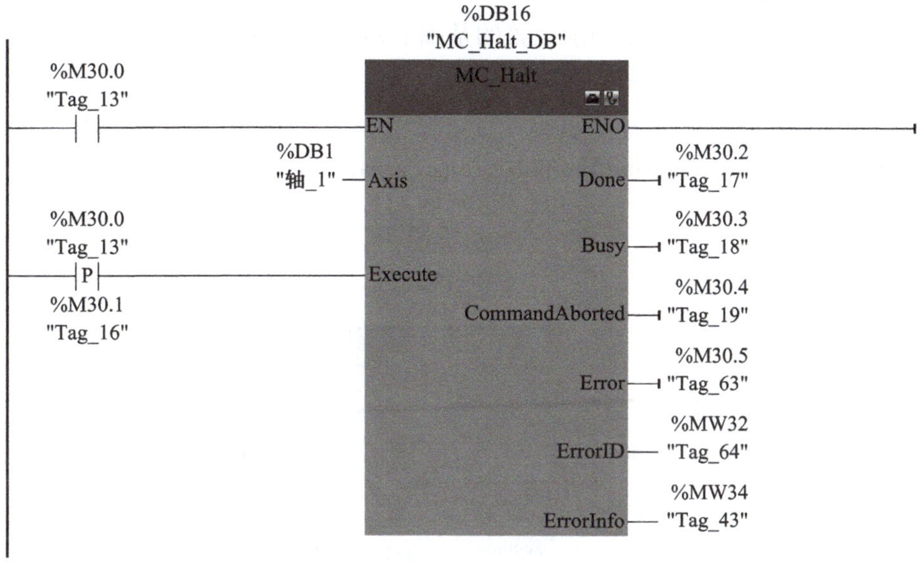

图 4-24 停止轴运行指令 MC_Halt

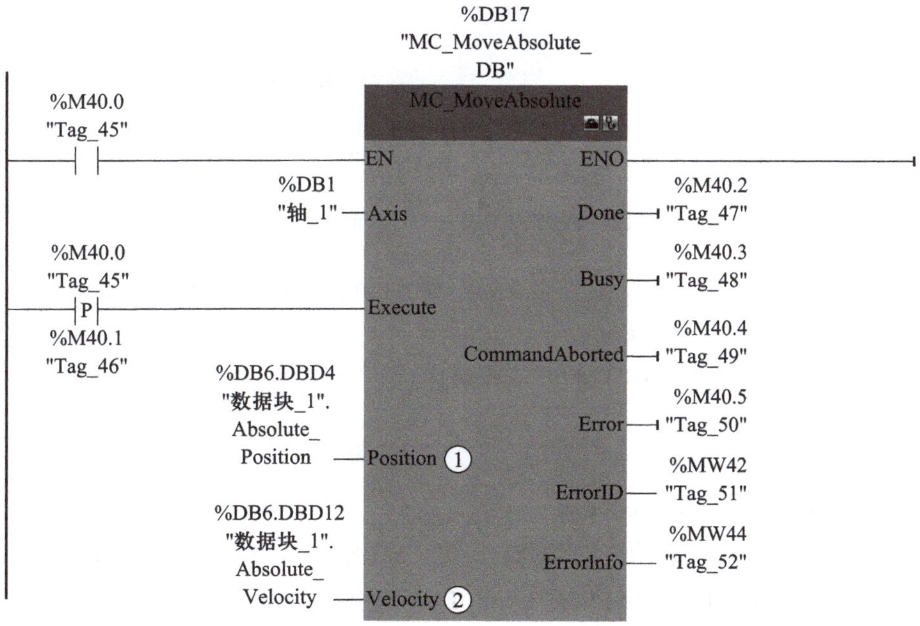

图 4-25 绝对位置指令 MC_MoveAbsolute

① Position：绝对目标位置值。

② Velocity：绝对运动速度。

其他端口在前文中已有说明，此处不再赘述。

（6）MC_MoveRelative

指令名称：相对距离指令。

功能：使轴以某一速度在轴当前位置的基础上移动一个相对距离。

使用要点：不需要轴执行回原点命令。

端口：MC_Move Rolative 指令的输入端为 EN、Axis、Execute、Distance、Velocity，输出端为 ENO、Done、Busy、CommandAborted、Error、ErrorID、ErrorInfo，如图 4-26 所示。

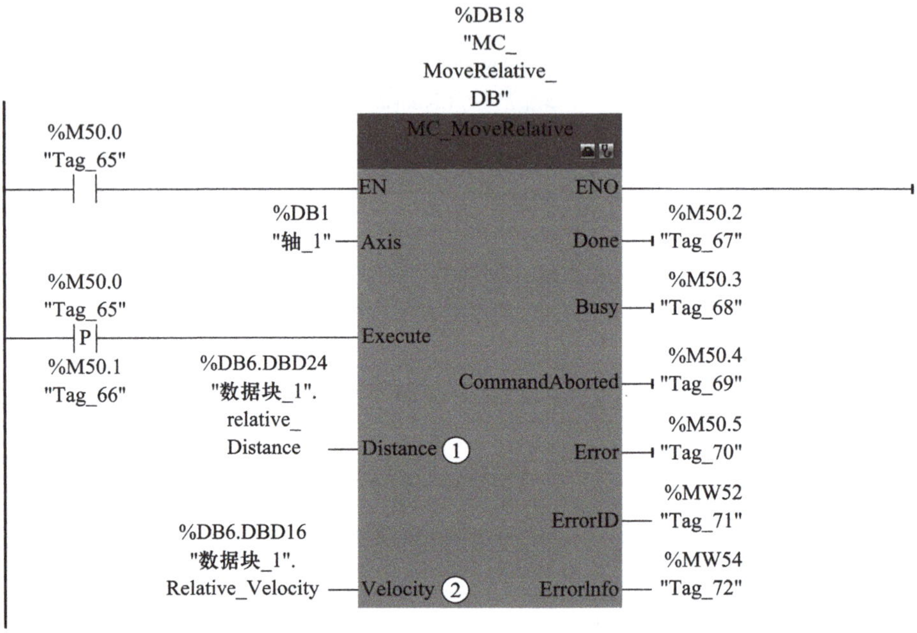

图 4-26　相对距离指令 MC_MoveRelative

① Distance：相对于轴当前位置移动的距离，该值通过正负号表示移动方向。

② Velocity：相对运动的速度。

其他端口在前文中已有说明，此处不再赘述。

（7）MC_MoveVelocity

指令名称：速度运行指令

功能：使轴以预设的速度运行

端口：MC_MoveVelocity 指令的输入端为 EN、Axis、Execute、Velocity、Direction、Current、PositionControlled，输出端为 ENO、InVelocity、Busy、CommandAborted、Error、ErrorID 与 ErrorInfo，如图 4-27 所示。

① Velocity：轴的速度。

② Direction：方向数值。

Direction = 0：旋转方向取决于参数“Velocity”值的符号。

Direction = 1：正方向旋转，忽略参数“Velocity”值的符号。

Direction = 2：负方向旋转，忽略参数“Velocity”值的符号。

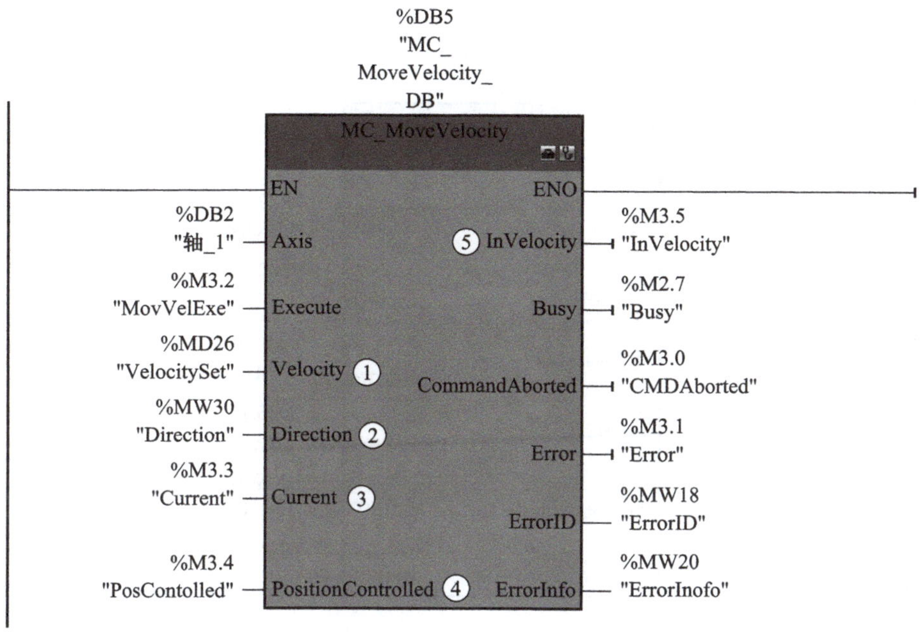

图 4-27　速度运行指令 MC_MoveVelocity

③ Current：判断是否以当前速度运行。

Current = 0：轴按照参数“Velocity”和“Direction”值运行。

Current = 1：轴忽略参数“Velocity”和“Direction”值，轴以当前速度运行。

注意：可以设定“Velocity”数值为 0.0，触发指令后轴会以组态的减速度停止运行，相当于 MC_Halt 指令功能。

④ PositionControlled

PositionControlled=FALSE，非位置控制操作。

PositionControlled=TRUE，位置控制操作。

执行指令 MC_MoveVelocity 即应用该参数。之后 MC_Power 的设置再次适用。使用 PTO 轴时忽略该参数。

⑤ InVelocity：OUTPUT。

Current= FALSE：达到参数“Velocity”中指定的速度。

Current= TRUE：轴在启动时，以当前速度进行移动。

（8）MC_MoveJog

指令名称：点动指令。

功能：在点动模式下以指定的速度连续移动轴。

使用要点：正向点动和反向点动不能同时触发。

端口：MC_MoveJog 指令的输入端为 EN、Axis、JogForward、JogBackward、Velocity、PositionControlled，输出端为 ENO、InVelocity、Busy、CommandAborted、Error、ErrorID 与 ErrorInfo，如图 4-28 所示。

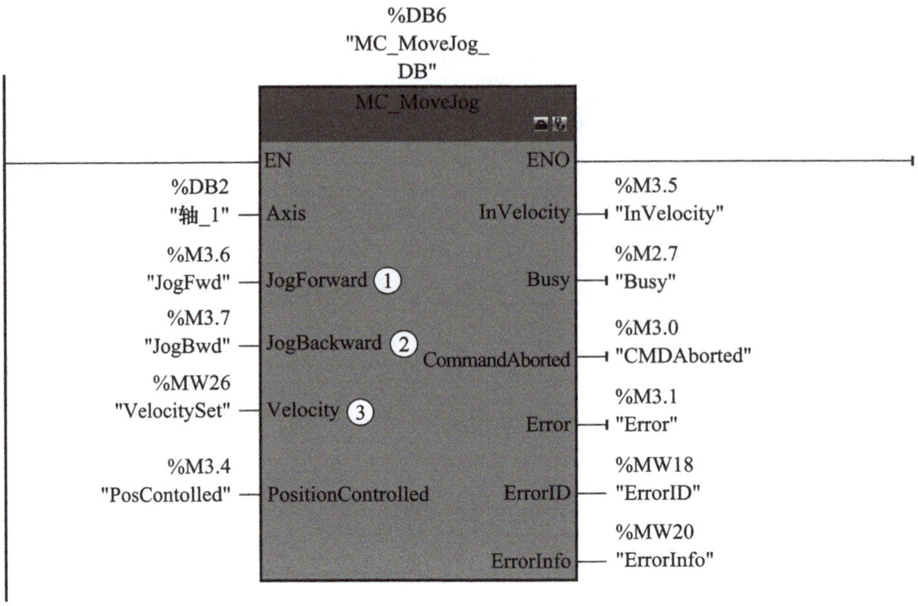

图 4-28　点动指令 MC_MoveJog

① JogForward：正向点动，JogForward=1，轴运行；JogForward=0，轴停止。

② JogBackward：反向点动，使用方法参考 JogForward。

注意：在执行点动指令时，保证 JogForward 和 JogBackward 不会同时触发，可以用逻辑进行互锁。

③ Velocity：点动速度。

注意：Velocity 数值可以实时修改，实时生效。

4.2.2　步进电机及控制

1. 步进电机介绍

步进电机是将电脉冲信号转变为角位移或线位移的开环控制元件如图 4-29 所示。

（1）结构与原理

① 结构：步进电机一般由定子、线圈、转轴、转子等部分构成。

② 工作原理：步进电机驱动器根据外来的控制脉冲和方向信号，通过其内部的逻辑电路，控制步进电机的绕组以一定的时序正向或反向通电，使得电机正、反向旋转或锁定。

如图 4-31 所示是三相反应式步进电动机的工作原理图。定子铁芯为凸极式，共有三对（六个）磁极，每两个空间相对的磁极上绕有一相控制绕组。转子用软磁性材料制成，也是凸极结构，只有四个齿，齿宽等于定子的极宽。

当 A 相控制绕组通电，其余两相均不通电时，电动机内建立以定子 A 相极为轴线的磁场。由于磁通总具有试图沿磁阻最小路径传递的特点，使得转子齿 1、3 的轴线与定子 A 相极轴线对齐，如图 4-31（a）所示。

图 4-29　步进电机

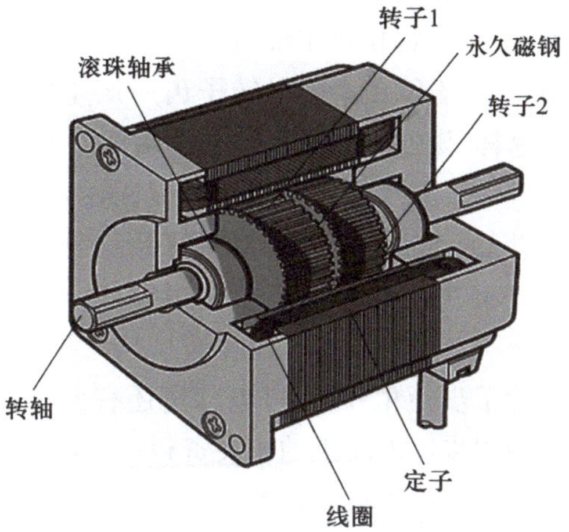

图 4-30　步进电机结构

此时 A 相控制绕组断电，B 相控制绕组通电，转子在反应转矩的作用下，逆时针转过 30°，使转子齿 2、4 的轴线与定子 B 相极轴线对齐，即转子走了一步，如图 4-31（b）所示。

若再断开 B 相，使 C 相控制绕组通电，转子逆时针方向又转过 30°，使转子齿 1、3 的轴线与定子 C 相极轴线对齐，如图 4-31（c）所示。

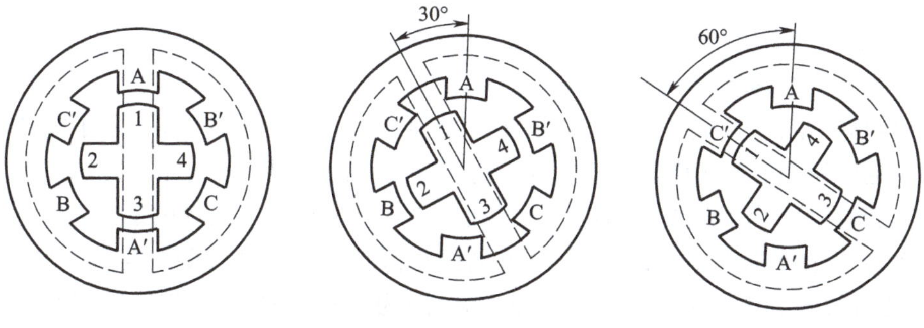

（a）A相通电　　（b）B相通电　　（c）C相通电

图 4-31　三相反应式步进电动机工作原理

如此按 A → B → C → A 的顺序轮流通电，转子就会一步一步地按逆时针方向转动。其转速取决于各相控制绕组通电与断电的频率，旋转方向取决于控制绕组轮流通电的顺序。若按 A → C → B → A 的顺序通电，则电动机按顺时针方向转动。

上述通电方式称为“三相单三拍”。“三相”是指三相步进电动机；“单”是指每次只有一相控制绕组通电；控制绕组每改变一次通电状态称为一拍，“三拍”是指改变三次通电状态为一个循环。每一拍转子转过的角度称为步距角，三相单三拍运行时，步距角为 30°。显然，这个角度太大，不能在实际工作中使用。

如果把控制绕组的通电方式改为 A → AB → B → BC → C → CA → A，即一相通电与两相通电间隔进行，完成一个循环需要经过六次通电状态改变，称为“三相单、双六拍”通电方式。当 A、B 两相绕组同时通电时，转子齿的位置应同时考虑到两对定子极的作用，只有 A 相极和 B 相极对转子齿所产生的磁拉力相平衡的中间位置，才是转子的平衡位置。这样，该通电方式下转子平衡位置增加了一倍，步距角为 15°。

进一步减少步距角的措施是采用定子磁极带有小齿，转子齿数很多的结构。一般来说，实际的步进电动机产品都采用这种方法实现步距角的细分。例如输送单元所选用的 Kinco 3S57Q–04056 三相步进电动机，它的步距角在整步方式下为 1.8°，在半步方式下为 0.9°。

除了步距角外，步进电动机还有保持转矩、阻尼转矩等技术参数，这些参数的物理意义请参阅步进电动机的相关资料。

（2）步进电机性能参数及选用

① 相数与拍数：步进电动机的相数是指步进电动机的定子绕组数，目前常用的有二相、三相、四相和五相步进电动机。步进电动机的拍数是指步进电动机完成一个磁场周期性变化所需要的脉冲数，也就是步进电动机运行一周所需的脉冲数。

② 步距角：步进电动机的步距角是指每向步进电动机输入一个电脉冲信号时，电动机转子转动的角度。

步距角的大小与电动机的相数有关，目前市场上步进电机的步距角一般有 0.36°/0.72°（五相电机）、0.9°/1.8°（二、四相电机）、1.5°/3°（三相电机）等。

③ 额定电流与额定电压：额定电流是指步进电动机静止时每相绕组所允许输入的最大电流；额定电压是指驱动电源提供的直流电压，一般有 6 V、12 V、24 V、48 V 等，但它不等于加在绕组两端的电压。

④ 保持转矩：保持转矩是指步进电动机在通电情况下没有转动时，定子能锁住转子的能力。通常所说有步进电动机力矩在没有特殊说明的情况下都是指保持转矩。

⑤ 启动频率：启动频率是指步进电动机在不失步的情况下启动的最高频率。

启动频率不能选得太低，为了避开电动机在低频时共振情况的发生，启动频率要高于电动机的共振频率；启动频率也不能太高，因为步进电动机在启动时除了要克服负载转矩外，还要使转子加速运行。当频率过高时，转子的转动速度会跟不上定子磁场的速度变化而发生失步和振荡。步进电动机的启动频率一般在几百赫兹到几千赫兹之间。

启动频率还与负载转矩大小有关，它们之间的关系称为启动距频特性。由距频特性可知，负载转矩越大，启动频率就越低。另外，当负载转矩一定时，转动惯量越大，启动频率也越低。

⑥ 运行频率：运行频率是指步进电动机启动后在频率逐步加大时能维持运行并不发生失步的最高频率。当电动机带动负载运行时，运行频率与负载转矩大小有关，两者的关系称为运行矩频特性。

⑦ 转速：设步进电动机的步距角为 θ，则转子转动一圈所需的脉冲数为

$$pls = \frac{360}{\theta}$$

设步进电动机每秒输入的脉冲数为f(Hz),那么电动机的转速为

$$n = \frac{f}{pls}(\mathrm{r/s}) = \frac{f\theta \times 60}{360}(\mathrm{r/min})$$

⑧ 失步与过冲:当步进电动机以开环的方式进行位置控制时,负载位置对控制回路没有反馈,步进电动机就必须正确响应每次励磁变化。

⑨ 力矩与功率换算:步进电动机一般在较大范围内调速使用,其功率是变化的,一般只用力矩来衡量,力矩与功率换算如下:

$$\begin{cases} P = \omega M \\ \omega = \dfrac{2\pi n}{60} \end{cases}$$

可得

$$P = \frac{2\pi n M}{60}$$

其中,P为功率(W),ω 为角速度(rad/s),n为转速(r/min),M为力矩(N·m)。

半步工作时,

$$P = \frac{2\pi f M}{400}$$

其中,f为每秒脉冲数(PPS)。

2. 步进电动机驱动器

(1)步进电机系统结构

如图 4-32 所示是步进电机系统结构,它由控制器、驱动器和步进电机构成。控制器发出一定数量和频率的脉冲信号(PUL)以及电动机旋转方向信号(DIR),从而控制步进电机转速和方向以及位移量;驱动器主要控制向步进电动机各绕组分配输出脉冲和功率放大。

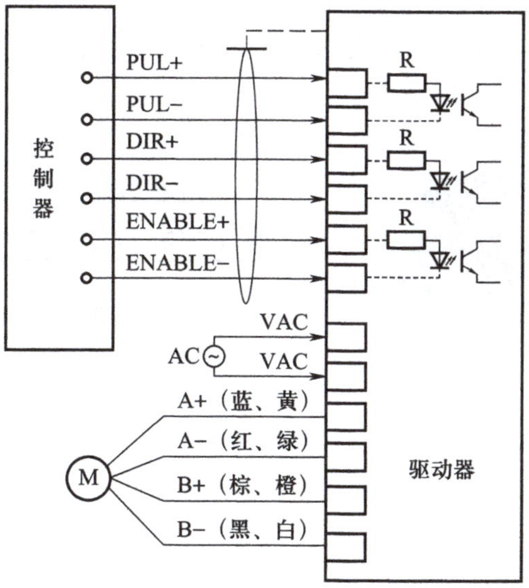

图 4-32 步进电机系统结构

（2）步进电机驱动器

如图 4–33 所示是步进电机驱动器实物图。驱动器的组成包括脉冲分配器和脉冲放大器两部分。

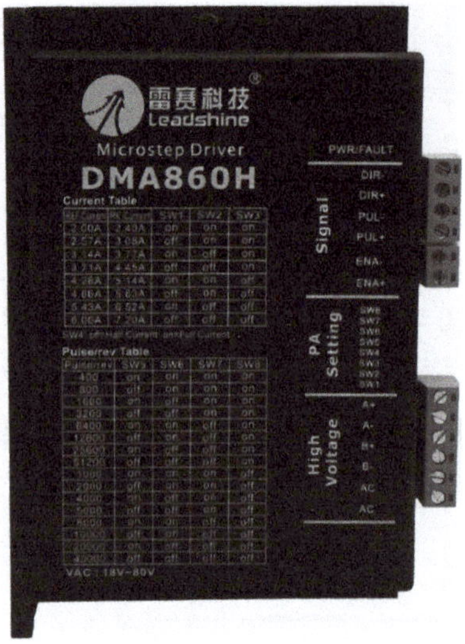

图 4–33 步进电机驱动器

脉冲分配器是一个数字逻辑单元，它接收来自控制器脉冲信号和转向信号，把脉冲信号按一定的逻辑关系分配到每个相脉冲放大器上，使步进电动机按选定的运行方式工作。由于步进电动机的各相绕组是按一定的通电顺序不断循环来实现步进功能的，因此脉冲分配器也称为环形分配器。

脉冲放大器的功能是进行脉冲功率放大，因为脉冲分配器能够输出的电流很小（mA 级），而步进电机工作需要的电流较大，因此需要进行功率放大。此外，输出的脉冲波形、幅度、波形前沿陡度等因素对步进电动机运行性能都有重要的影响。

步进驱动器的使用中主要包括细分设定和电流设置。

① 细分设定：步进电机细分控制是指对步距角再进行详细的分步控制。例如，对一个步距角为 1.8° 的两相四拍电机进行四细分控制，就是使得电机转动一步为 0.45°。

对于步进电机来说细分功能完全是由外部驱动电路精确控制电机的相电流产生的，和具体电机无关。步进电机的细分控制是通过等角度有规律的插入大小相等的电流合成向量，从而减小合成磁势的角度（步距角），从而达到细分目的。

细分驱动方式不仅可以减小步进电动机的步距角，提高分辩率，而且可以减小或消除低频振动，使电动机运行更加平稳均匀。

细分数是利用驱动板上的拨码开关选择设定的，用户可根据驱动器外盒上的细分选择表的数据设定（在断电情况下设定）细分。

DMA860H 驱动器（图 4–34）采用八位拨码开关设定细分精度、动态电流和半流 / 全流，如图 4–35 所示，细分设定见表 4–1。

图 4–34 DMA860H 驱动器拨码开关

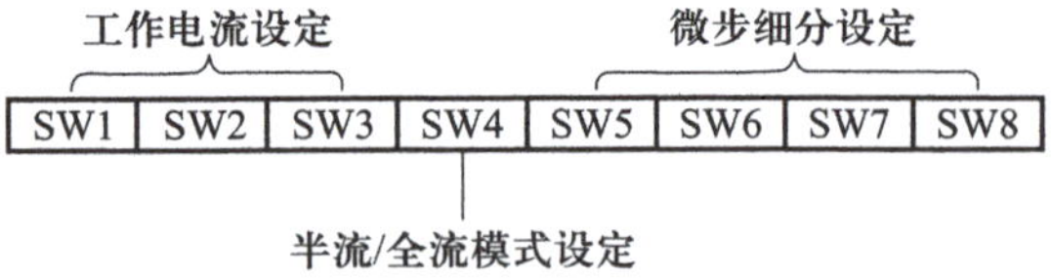

图 4–35 DMA860H 驱动器拨码开关功能

表 4-1　DMA860H 步进电机驱动器细分设定

圈脉冲数	拨码开关			
	SW5	SW6	SW7	SW8
Default	ON	ON	ON	ON
400	OFF	ON	ON	ON
800	ON	OFF	ON	ON
1 600	OFF	OFF	ON	ON
3 200	ON	ON	OFF	ON
6 400	OFF	ON	OFF	ON
12 800	ON	OFF	OFF	ON
25 600	OFF	OFF	OFF	ON
1 000	ON	ON	ON	OFF
2 000	OFF	ON	ON	OFF
4 000	ON	OFF	ON	OFF
8 000	ON	ON	OFF	OFF
10 000	OFF	ON	OFF	OFF
20 000	ON	OFF	OFF	OFF
25 000	OFF	OFF	OFF	OFF

表中的圈脉冲数指步进电机转动 1 圈，控制器提供给驱动器的脉冲数。有些驱动器上的细分设定表只给出细分倍数，此时就需要通过计算来得到步进圈脉冲数。公式为步进圈脉冲数 = 步进电动机转子转一圈所需的脉冲数 × 细分倍数。

如两相步进电机的步距角为 1.8°，则步进电动机转子转 1 圈所需的脉冲数为 360° ÷ 1.8° =200，通过拨码开关把细分倍数设置为 8，那么步进圈脉冲数为 200 × 8=1 600，即 PLC 发出 1 600 个脉冲给驱动器，步进电机转动一圈。

② 电流设置：一般情况下设置的电流要与步进电机铭牌上标称电流一致。但在电机力矩足够的情况下，可尽量把电流设置到比额定电流略小一点的挡位，以延长步进电机和驱动器的使用寿命，DMA 860 H 步进电机驱动器的电流设置见表 4-2。

表 4-2　DMA860H 步进电机驱动器电流设置

电流 /A	拨位开关		
	SW1	SW2	SW3
2.40	ON	ON	ON
3.08	OFF	ON	ON
3.77	ON	OFF	ON
4.45	OFF	OFF	ON
5.14	ON	ON	OFF
5.83	OFF	ON	OFF
6.52	ON	OFF	OFF
7.20	OFF	OFF	OFF

如图 4-36 所示，步进电机 86BYG250H-14 的额定电流是 5.8 A，根据步进驱动器电流设置原则，查表 4-2 可设定驱动器电流为 5.14 A，即 SW1=ON、SW2=ON、SW3=OFF。

图 4-36　步进电机

3. PLC 控制步进电动机

PLC 作为一种工业控制器，具有模块化结构、灵活配置、高速的处理速度、精确的数据处理能力。PLC 对步进电机也具有良好的控制能力，利用其高速脉冲输出功能或运动控制功能即可实现对步进电机的控制。

对于那些在运行过程中移动距离和速度均确定的具体设备，采用 PLC 通过步进电机驱动器来控制步进电机的运转是一种理想的技术方案。本节介绍西门子 PLC S7-1200 控制步进电机的方法。

（1）电气原理图

PLC 控制步进电机的电气原理如图 4-37 所示。

（2）步进驱动器 ABC 三点往返运动控制的示例

单轴丝杆螺距为 4 mm，步进控制的精度要求为 0.001 mm，工作台停在 A 点，要求按下 I0.0 工作台 10 s 内向右移动 40 mm 到 B 点停止；停 2 s 后开始继续右移，10 s 内移动 50 mm，到 C 点停止；停 2 s 后 20 s 内直接返回 A 点，停止。再次按下 I0.0，工作台重复以上运动。

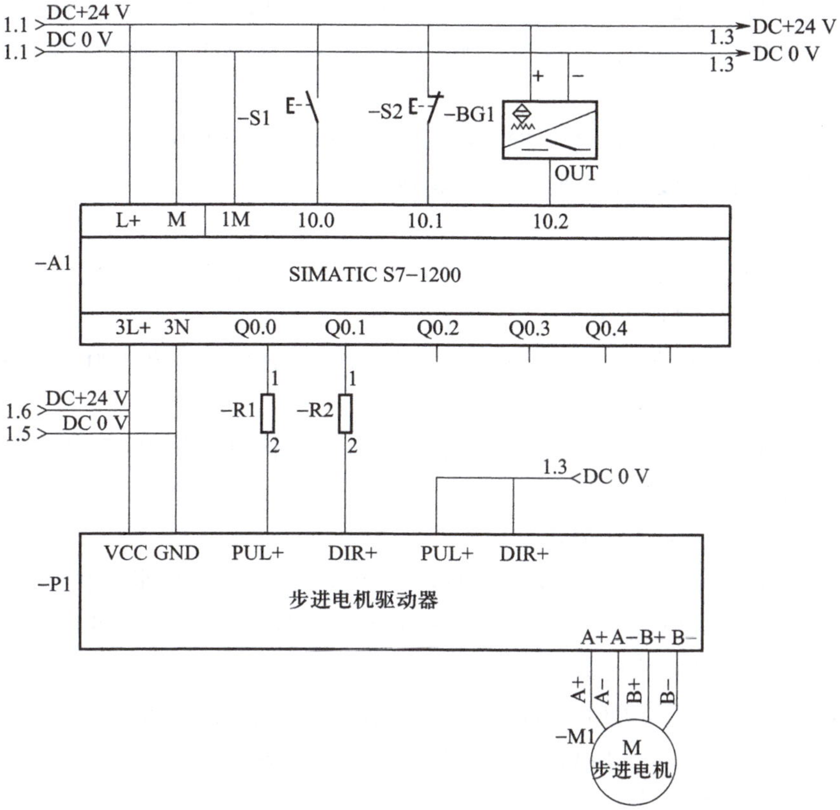

图 4–37 PLC 控制步进电机电气原理

① I/O 分配表（表 4–3）。

表 4–3 I/O 分配

输入	功能	输出	功能
I0.0	启动按钮	Q0.0	脉冲输出
I0.1	停止按钮	Q0.1	方向控制
I0.2	原点 A		

② 控制步骤

第一步：计算丝杆走一圈需要的脉冲数。

步进控制精度要求为 0.001 mm，即步进驱动器发一个脉冲走的距离是 0.001 mm。由题意可知单轴丝杆螺距为 4 mm，即电机转一圈工作台移动的距离为 4 mm，可计算丝杆转一圈需要的脉冲数为 4 ÷ 0.001=4 000，所以要达到控制精度为 0.001 mm，圈脉冲数必须达到 4 000 以上，此处取 4 000。

第二步：计算丝杆所需总脉冲数。

AB 段脉冲数：由题意可知 AB 段距离是 40 mm，电机转一圈为 4 mm，因此 40 ÷ 4=10 圈。由第一步分析所得圈脉冲数为 4 000，所以走完 AB 段所需要的脉冲数为 4 000 × 10=40 000。

BC 段脉冲数：BC 段所需的脉冲数为 4 000 ×（50 ÷ 4）=50 000。

CA 段脉冲数：CA 段所需的脉冲数为 40 000+50 000=90 000。

第三步：计算脉冲频率。

AB 段脉冲频率：由题意可知在 10 s 内走完 40 mm，脉冲量为 40 000，那么 AB 段的脉冲频率为 40 000 ÷ 10=4 000 Hz。

BC 段脉冲频率：由题意可知在 10 s 内走完 50 mm，脉冲量为 50 000，那以 BC 段的脉冲频率为 50 000 ÷ 10=5 000 Hz。

CA 段脉冲频率：由题意可知在 20 s 内走完 90 mm，脉冲量为 90 000，那么 CA 段的脉冲频率为：90 000 ÷ 20=4 500 Hz。

第四步：设定步进驱动器细分。

由第一步计算出步进圈脉冲数为 4 000，这里使用 DMA860H 步进驱动器，查看其细分表可知，其细分开关应设置为 SW5=ON、SW6=OFF、SW7=ON、SW8=OFF。

第五步：设置步进电机电流。

步进电机采用 86BYG250H-14，其额定电流是 5.8A，根据步进驱动器电流设置原则，查表可设定驱动器电流为 5.14A，即 SW1=ON、SW2=ON、SW3=OFF。

第六步：PLC 硬件组态。

启动 PTO1 脉冲信号发生器，其信号类型为 PTO（脉冲 A+ 方向 B），脉冲输出 Q0.0、方向输出 Q0.1，勾选“启用系统存储器字节”和“时钟存储器字节”。

第七步：工艺对象“轴”配置。

配置常规参数：驱动器为 PTO，测量单位为 mm。

配置驱动器参数：选择脉冲发生器（Pulse_1），信号类型为 PTO（脉冲 A 和方向 B），脉冲输出为 Q0.0，方向输出为 Q0.1。

配置机械参数：电机每转的脉冲数为 4 000，电机每转负载位移为 4 mm。

配置位置限位：勾选“启用软件限位开关”，设置软件限位开关下限位置为 -10 mm，软件限位开关上限位置 100 mm。

配置动态参数：加速时间 0.1 s、减速时间 0.1 s、急停减速时间 0.1 s。

配置回原点参数：原点开关选择 I0.2，选择电平为高电平，回原点方向为负方向，参考点开关一侧选上侧，逼近速度设置为 10 mm/s，回原点速度设置为 4 mm/s。

第八步：轴控制面板调试。

第九步：编写 PLC 程序，如图 4-38 所示。

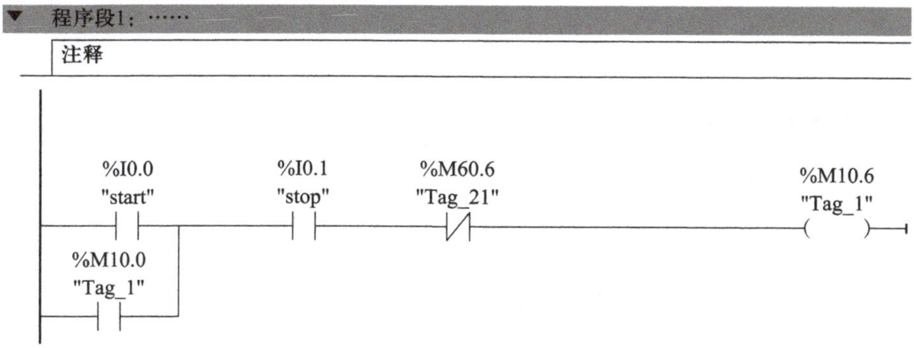

（a）程序段1

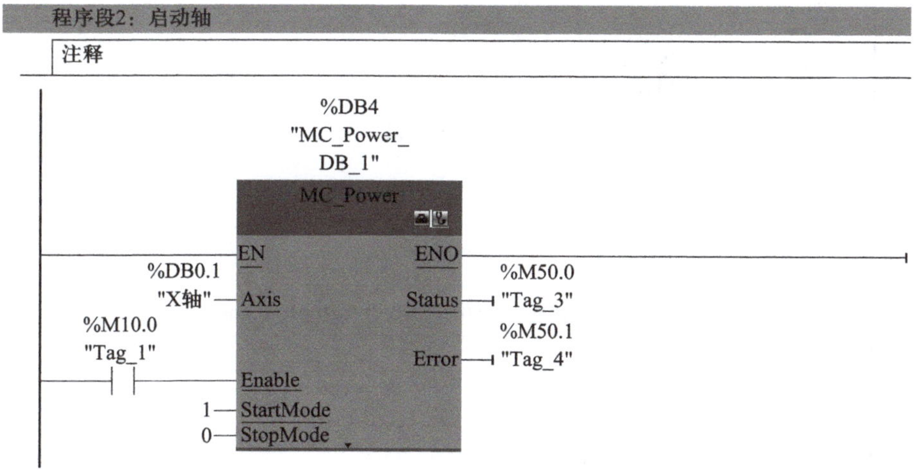

（b）程序段2

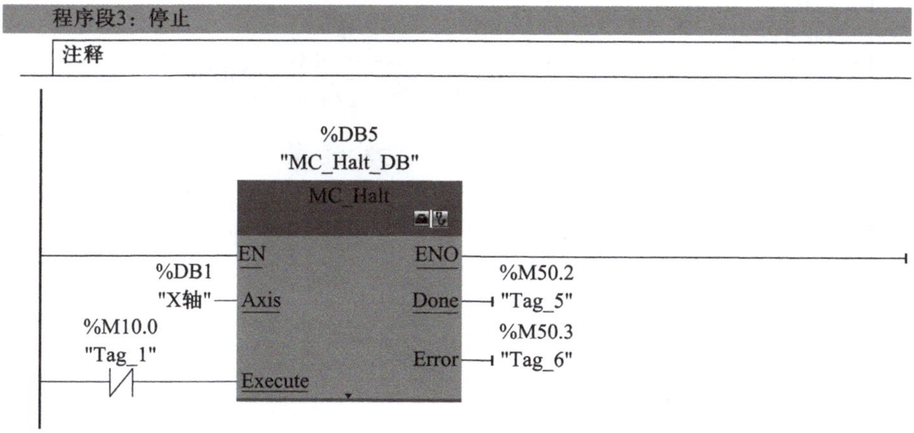

（c）程序段3

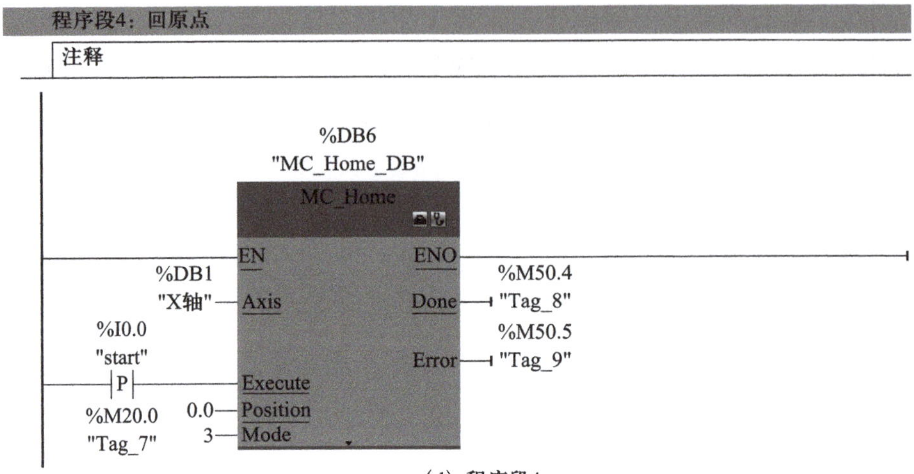
程序段4：回原点
注释
%DB6
"MC_Home_DB"
MC_Home
EN
ENO
%DB1
"X轴"
Axis
Done
%M50.4
"Tag_8"
%I0.0
"start"
P
%M20.0
"Tag_7"
Execute
Error
%M50.5
"Tag_9"
0.0
Position
3
Mode

（d）程序段4

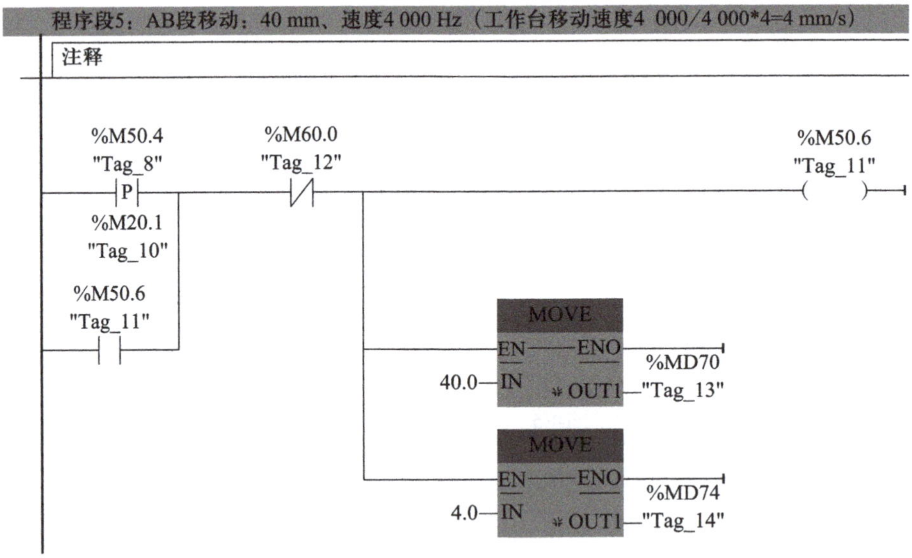
程序段5：AB段移动：40 mm、速度4 000 Hz（工作台移动速度4 000/4 000*4=4 mm/s）
注释
%M50.4
"Tag_8"
P
%M20.1
"Tag_10"
%M50.6
"Tag_11"
%M60.0
"Tag_12"
%M50.6
"Tag_11"
MOVE
EN
ENO
40.0
IN
OUT1
%MD70
"Tag_13"
MOVE
EN
ENO
4.0
IN
OUT1
%MD74
"Tag_14"

（e）程序段5

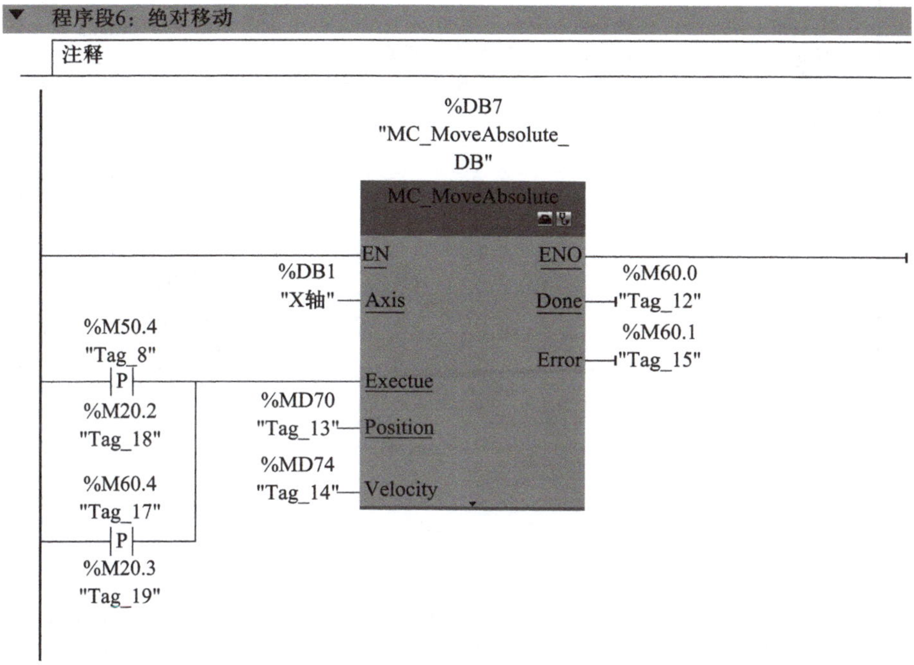

程序段6：绝对移动
注释
%DB7
"MC_MoveAbsolute_
DB"
MC_MoveAbsolute
EN
ENO
%DB1
"X轴"
Axis
Done
%M60.0
"Tag_12"
%M60.1
Error
"Tag_15"
%M50.4
"Tag_8"
P
%M20.2
"Tag_18"
Exectue
%MD70
"Tag_13"
Position
%MD74
"Tag_14"
Velocity
%M60.4
"Tag_17"
P
%M20.3
"Tag_19"

(f) 程序段6

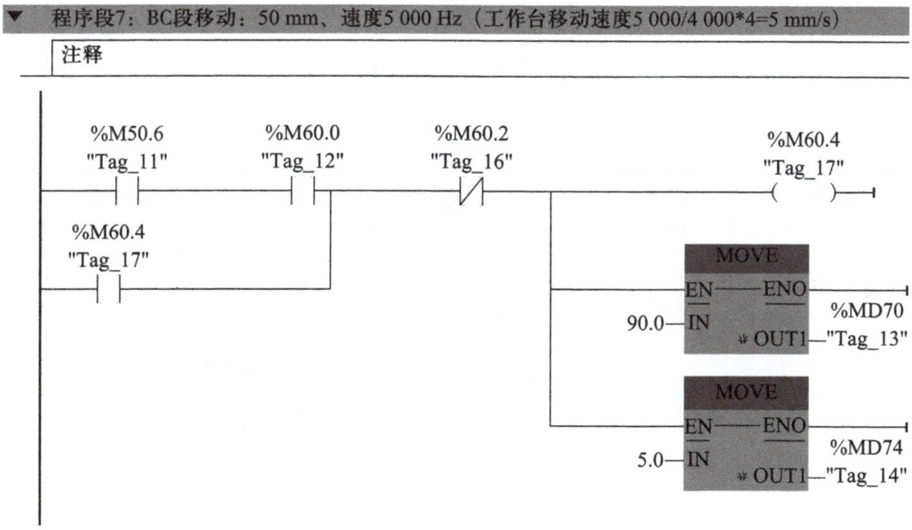

程序段7：BC段移动：50 mm、速度5 000 Hz（工作台移动速度5 000/4 000*4=5 mm/s）
注释
%M50.6
"Tag_11"
%M60.0
"Tag_12"
%M60.2
"Tag_16"
%M60.4
"Tag_17"
%M60.4
"Tag_17"
MOVE
EN
ENO
90.0
IN
OUT1
%MD70
"Tag_13"
MOVE
EN
ENO
5.0
IN
OUT1
%MD74
"Tag_14"

(g) 程序段7

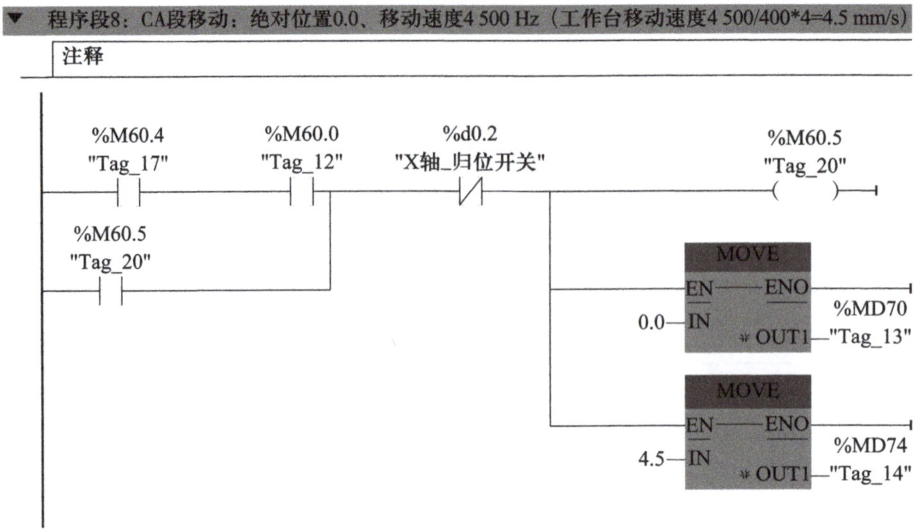

（h）程序段8

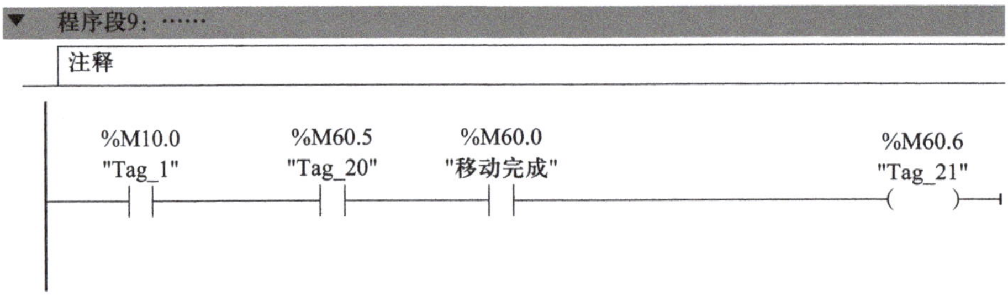

（i）程序段9

图 4–38　PLC 控制步进电机程序

4. 步进电机故障步进电机常见故障及解决措施（表 4–4）

表 4–4　步进电机常见故障及解决措施

故障	故障原因	解决措施
报警指示灯灭	电机接错线	检查并重新接线
	电压太大或者太小	检查电源
电机不转，且无保持扭矩	电机连线不对	调整电机连线
	脱机使能 RESET 信号无效	使 RESET 无效
电机不转，且有保持扭矩	无脉冲信号输入	调整脉冲宽度及信号的电平
	细分太小	正确选择细分
	电流设定太小	正确选择电流
	驱动器已受保护	断电后重新上电

续表

故障	故障原因	解决措施
电机转动方向错误	动力线相序接错	互换任意两相连线（如 A+ 与 A-调换连接）
	电机线有断路	重新检查并接正确
	方向信号输入不对	改变方向设定
电机扭矩太小	相电流设置过小	正确设置相电流
	加速度太快	减小加速度值
	电机堵转	排除机械故障
	驱动器与电机不匹配	换合适的驱动器
位置不准	信号受到干扰	排除干扰
	细分不对	正确设置细分
	电流太小	加大电流
	电机线连接不良	检查并接对
电机加速异常	加速时间太短	延长加速时间
	电机扭矩太小	选择合适扭矩电机
	电压或电流过低	提高电压或者调大电流

4.2.3 伺服电机及控制

1. 伺服控制系统

（1）伺服控制系统的组成

伺服控制系统通常包括被控对象、执行器和驱动器等部分。被控对象通常为机械手臂与机械平台。执行器的主要功能是提供被控对象的动力，其主要包括电动机和功率放大器，特别设计应用于伺服系统的电动机称为伺服电动机。通常伺服电动机包括反馈装置，如光电编码器、旋转变压器。目前，伺服电动机主要包括直流伺服电动机、永磁交流伺服电动机和感应交流伺服电动机，其中永磁交流伺服电动机是主流的伺服电动机。驱动器的功能在于提供整个伺服控制系统的闭环控制，如扭矩控制、速度控制和位置控制等。

（2）伺服控制系统的特点

① 有精确的检测装置：组成速度和位置闭环控制。

② 有反馈比较方法：根据检测装置实现信息反馈的原理不同，伺服系统多种反馈比较的方法也不相同。常用的有脉冲比较、相位比较和幅值比较三种。

③ 有高性能的伺服电动机：用于高效和复杂型面加工的数控机床伺服控制系统将经常处于频繁的启动和制动过程中。要求电机的输出力矩与转动惯量的比值大，以产生足够大的加速或制动力矩。要求伺服电动机在低速时有足够大的输出力矩且运转平稳，以便在与机械运动部分连接中尽量减少中间环节。

（3）伺服控制系统的分类

根据伺服控制系统组成中是否存在检测反馈环节以及检测反馈环节所在的位置，伺服控制系统可分为开环伺服控制系统、半闭环伺服控制系统和闭环伺服控制系统三类。

① 开环伺服控制系统：控制系统没有检测反馈装置则称为开环伺服系统，其原理如图 4-39 所示。常用的执行元件是步进电机，通常以步进电机作为执行元件的开环系统是步进式伺服控制系统。在这种系统中，大功率驱动时，用步进电机作为执行元件。

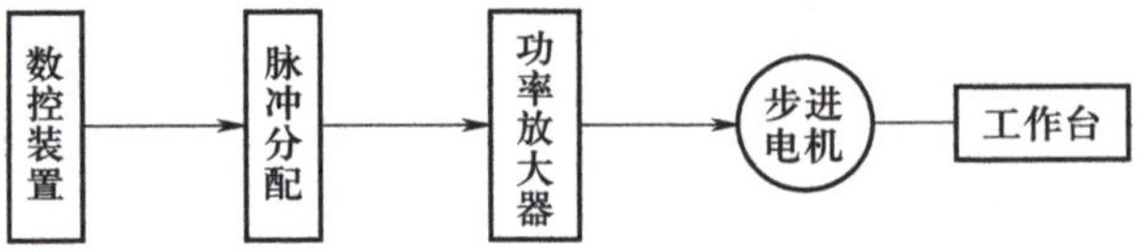

图 4-39　开环控制系统原理

驱动电路的主要任务是将指令脉冲转化为驱动执行元件所需的信号。开环伺服控制系统结构简单，但精度不是很高。

② 半闭环伺服控制系统：通常把检测元件安装在电机轴端而组成的伺服控制系统称为半闭环伺服控制系统，结构原理如图 4-40 所示。它与全闭环伺服系统的区别在于其检测元件位于系统传动链的中间，工作台的位置通过电机上的传感器或通过安装在丝杆轴端的编码器间接获得。

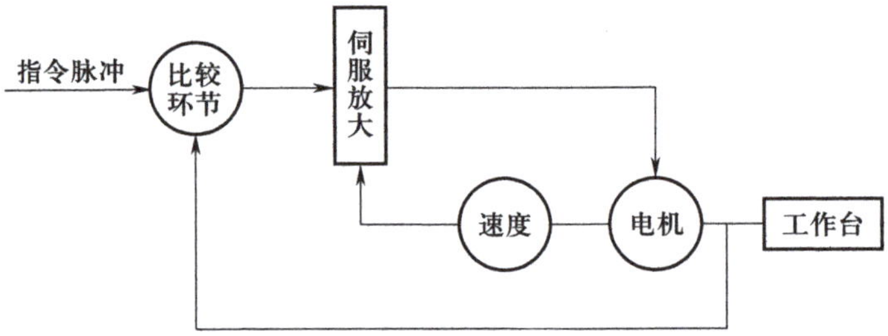

图 4-40　半闭环控制系统结构原理

由于有部分传动链在系统闭环之外，故其定位精度比全闭环伺服控制系统稍差。但由于测量角位移比测量线位移容易，并可在传动链的任何转动部位进行角位移的测量和反馈，结构比较简单，所以调整和维护比较方便。

③ 全闭环伺服控制系统：全闭环伺服控制系统的结构原理如图 4-41 所示。全闭环伺

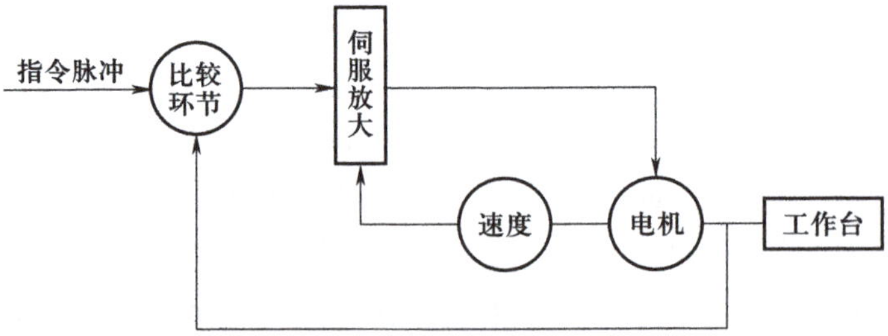

图 4-41　全闭环控制系统结构原理

服控制系统将位置检测元件直接安装在工作台上，从而可获得工作台实际位置的精确信息。检测元件将被控对象移动部件的实际位置检测出来并转换成电信号反馈给比较环节。

（4）交流伺服控制系统控制模式

交流伺服控制系统是以交流伺服电动机为控制对象的自动控制系统，它主要由伺服控制器、伺服驱动器和伺服电动机组成。交流伺服控制系统主要有三种控制模式，分别为位置控制模式、速度控制模式和转矩控制模式。在不同的模式下，其工作原理略有不同。交流伺服系统的控制模式可通过设置伺服驱动器的参数来改变。

① 位置控制模式：一般是经过外面输入的脉冲频率来确定电机转动速度，经过脉冲的个数来确定电机转动的角度，也有一些伺服控制系统能够通过通信方式直接对速度和位移进行赋值。因此，位置控制模式能够对速度和位置都进行严格的控制，因此一般应用于定位装置。

② 速度控制模式：电机速度设定和电机上所带编码器的速度反馈形成闭环控制，以使伺服电机实际速度和设定速度一致。它是过模拟量的输入或脉冲的频率都能够进行转速的控制。

③ 转矩控制模式：伺服电机按给定的转矩进行旋转控制。

2. 伺服控制系统示例

以台达伺服系统为例进行介绍。伺服驱动器型号：ASD–B2–0421–B；伺服电动机型号：ECMA–C20602 ES。额定参数：电源电压（三相 220 V 或单相 220 V）、额定输出电压（三相 0–110 V）、额定输出电流 2.6 A、额定输出功率 400 W。编码器类型为增量式，编码器分辨率为 160 000 P/rev，控制方式采用外部脉冲位置控制。

（1）硬件说明

① 伺服电动机的说明如下。

铭牌及相关说明如图 4–42 所示。

型号说明如图 4–43 所示。“ECM” 表示电子换相式，“C” 表示额定电压为 220 V、转速为 3 000 rpm，“02” 表示电机额定输出功率为 200 W、“2” 表示编码器分辨率为 17–bit。

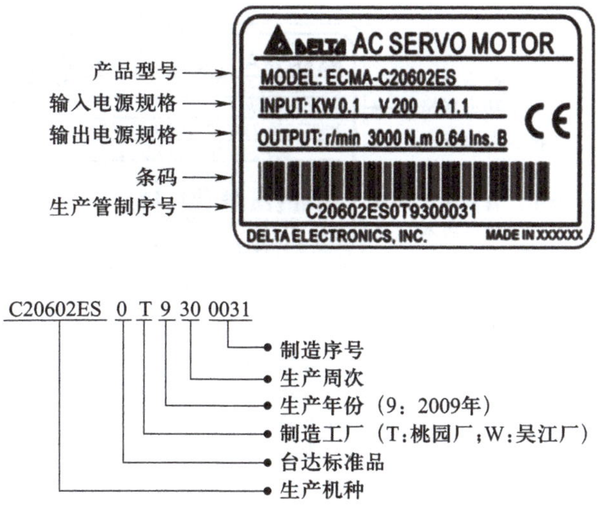

图 4–42 伺服电动机铭牌

E C M A-C 2 0 6 0 2 E S

- 标准轴径规格:S
  特殊轴径规格:7=14 mm
- 轴径型式和油封:

轴径型式和油封	无刹车无油封	有刹车无油封	无刹车有油封	有刹车有油封
圆轴	A	B	C	D
键槽	E	F	G	H
键槽(带螺丝孔位)	P	Q	R	S

- 额定输出功率
  01:100 W　05:500 W　10:1 kW
  02:200 W　06:600 W　15:1.5 kW
  03:300 W　07:750 W　20:2 kW
  04:400 W　09:900 W　30:3 kW
- 电机框架尺寸
  04:40 mm　08:80 mm　13:130 mm
  06:60 mm　10:100 mm　18:180 mm
- 系列名称
  额定电压及转速
  C:220V/3000 rpm
  E:220V/2000 rpm
  F:220V/1500 rpm
  G:220V/1000 rpm
  感测形式
  2:17-bit
- 驱动形态
  A:交流伺服
- 产品名称
  ECM:电子换相式电机

图 4-43　伺服电动机型号说明

② 伺服驱动器的说明如下。

铭牌及相关说明如图 4-44 所示。

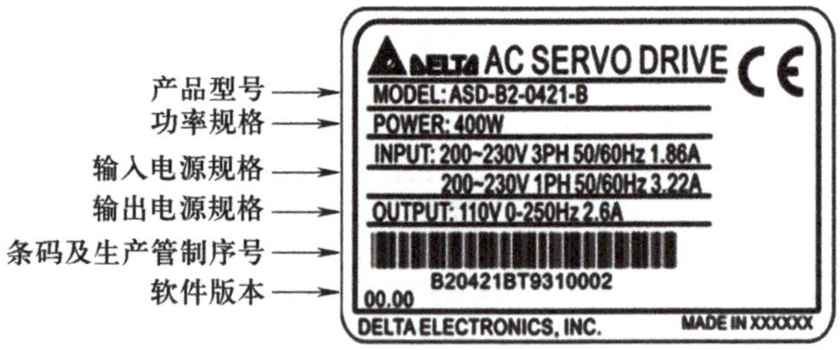

B20421B T 9 31 0002

- 0002:制造序号
- 31:生产周次
- 9:生产年份(9:2009年)
- T:制造工厂(T:桃园厂;W:吴江厂)
- B20421B:生产机种

图 4-44　伺服驱动器铭牌

型号说明如图 4–45 所示，“ASD–B2”表示台达 B2 系列驱动器，“04”表示额定输出功率为 400 W，“21”表示电源电压规格及相数为单相 220 V。

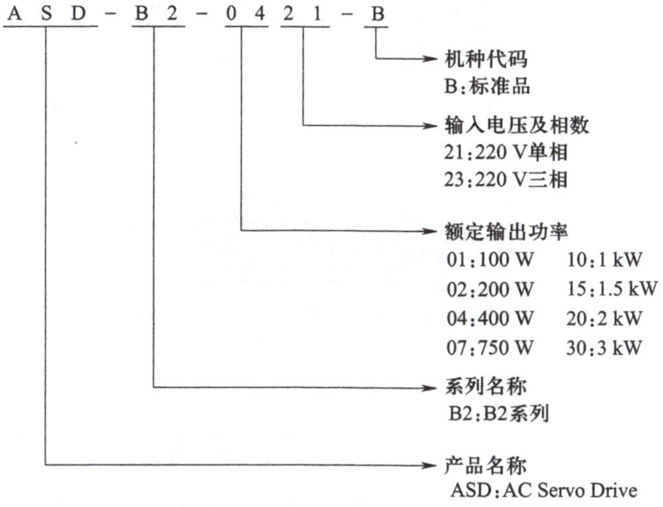

图 4–45　伺服驱动器型号说明

（2）B2 伺服驱动器接线端子

如图 4–46 所示为 B2 伺服驱动器面板，其中 R、S、T 端接入三相 220 V 电源，单相 220 V 输入只接 R、S 端；U、V、W 接伺服电机，相序不可接错，接错会出现警报“ALE31”

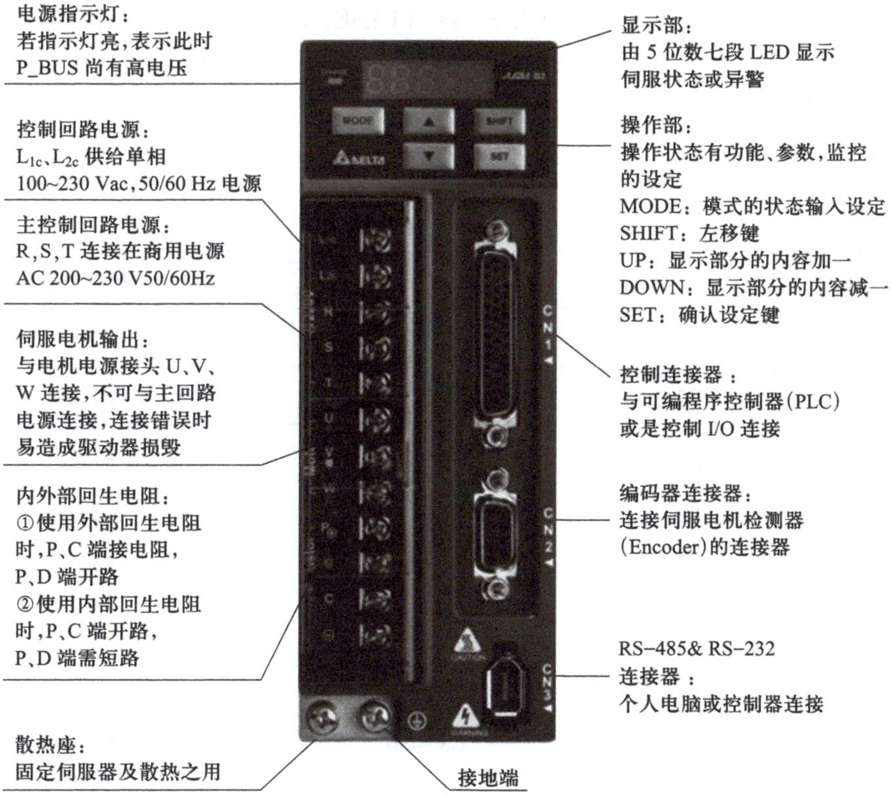

图 4–46　B2 伺服驱动器端口

（电机 U、V、W 接线错误）; L_{1C}、L_{2C} 端接入 220 V 控制电压; P、C、D 端用于接内外部回生电阻，使用内部回生电阻时，P、C 端开路，P、D 端短路; CN1 控制信号端口; CN2 连接编码器; CN3 是 RS485 与 RS232 的接口。B2 伺服驱动器提供的九个输入设定为参数 P2-10 ~ P2-17、P2-36，六个输出设定为参数 P2-18 ~ P2-22、P2-37。除此之外，其还提供差动输出的编码器 A+、A-、B+、B-、Z+、Z- 信号，以及模拟扭矩指令输入，模拟速度 / 位置指令输入及脉冲位置指令输入。其引脚如图 4-47 所示。

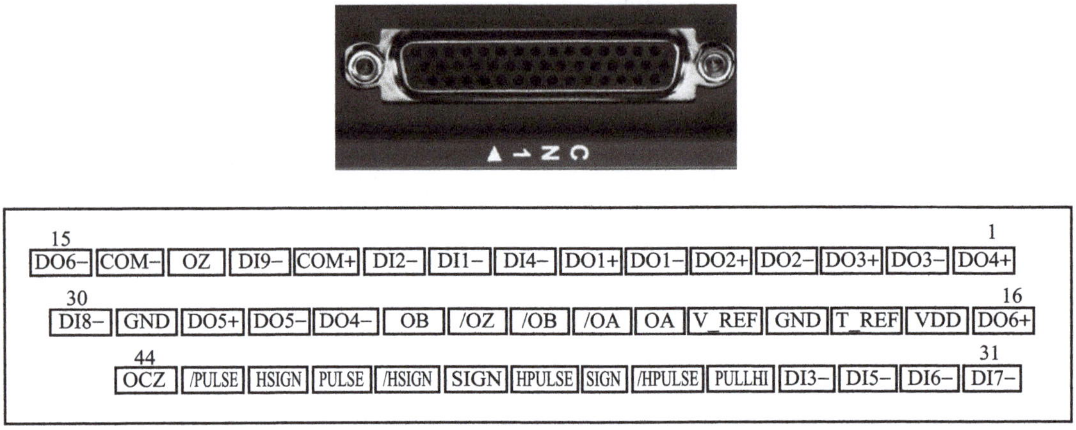

图 4-47　B2 伺服驱动器 CN1 端口引脚

常用引脚有: 脉冲输入端 41-PULSE、43-/PULSE; 方向控制端 37-SIGN、39-/SIGN; 伺服启动端 9-SON; 急停 30-EMGS; 正向运转禁止极限 31-CCWL; 反向运转禁止极限 32-CWL。其中 SON、EMGS、CCWL、CWL 为 DI 端默认功能，可通过每个 DI 端对应参数设置其功能，见表 4-5。

表 4-5　标准 DI 端口对应参数

信号名称		Pin NO	对应参数
	DI1-	CN1-9	P2-10
	DI2-	CN1-10	P2-11
	DI3-	CN1-34	P2-12
	DI4-	CN1-8	P2-13
标准 DI	DI5-	CN1-33	P2-14
	DI6-	CN1-32	P2-15
	DI7-	CN1-31	P2-16
	DI8-	CN1-30	P2-17
	DI9-	CN1-12	P2-36

（3）B2 伺服驱动器与 S7-1200PLC 的接线

B2 伺服驱动器与 S7-1200 PLC 的接线原理如图 4-48 所示。

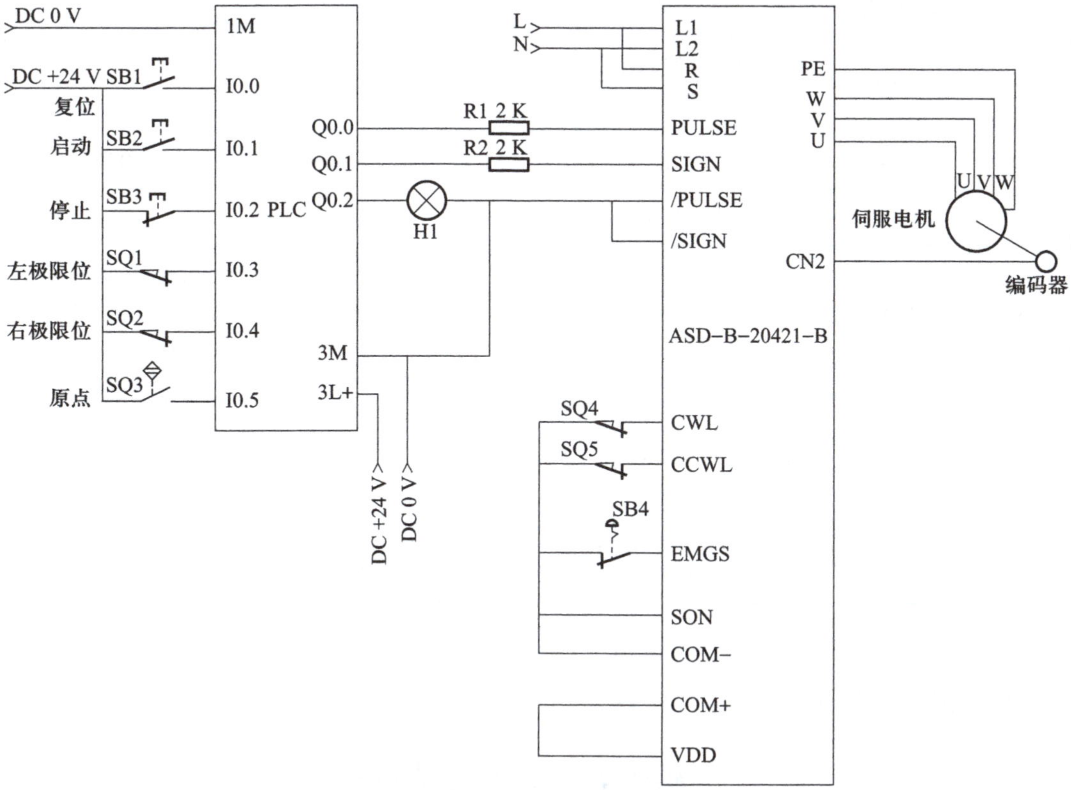

图 4-48　B2 伺服驱动器与 S7-1200 PLC 接线原理

3. 伺服驱动器的参数设定

（1）控制模式

伺服驱动器提供位置、速度和扭矩三种基本操作模式，可以用单一控制模式，即固定在一种模式控制，也可选择用混合模式来进行控制。

（2）参数设置方式说明

B2 伺服驱动器的参数共有 187 个可以在驱动器上的面板上进行设置。伺服驱动器可采用自动增益调整模式。伺服驱动器参数设置见表 4-6。

表 4-6　伺服驱动器参数设置

序号	参数		设置数值	功能和含义
	参数编号	参数名称		
1	P0-02	LED 初始状态	00	显示电动机反馈脉冲数
2	P1-00	外部脉冲列指令输入形式设定	2	输入形式为脉冲列 + 符号

续表

序号	参数		设置数值	功能和含义
	参数编号	参数名称		
3	P1-01	控制模式及控制命令输入源设定	00	位置控制模式
4	P1-44	电子齿轮比分子(N)	1	对应编码器分辨率 160 000 P/rev
5	P1-45	电子齿轮比分母(M)	1	设置圈脉冲数
6	P2-00	位置控制比例增益	35	位置控制增益值加大时,可提升位置应答性及缩小位置控制误差量。若设定太大则易产生振动及噪声
7	P2-02	位置控制前馈增益	5 000	位置控制命令平滑变动时,增益值加大可改善位置跟随误差量。若位置控制命令不平滑,降低增益值可降低机构的运转振动现象
8	P2-08	特殊参数输入	0	参数复位

(3)参数设置流程

B2 伺服驱动器面板如图 4-49 所示。

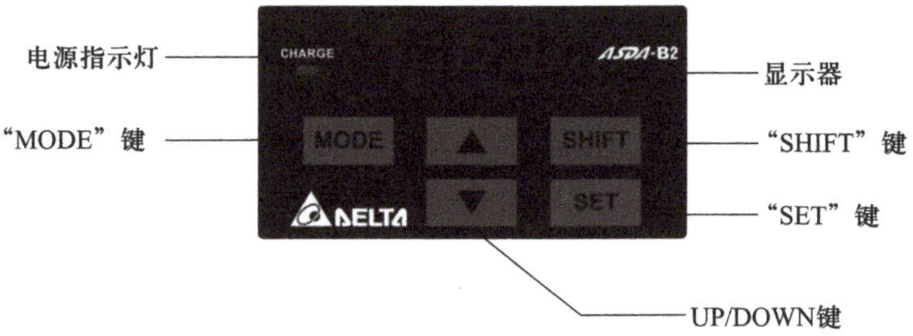

图 4-49　B2 伺服驱动器面板

① 驱动器电源接通后,显示器会先持续显示监视变数符号约 1 s,再进入监控模式。

② 按“MODE”键可切换“参数模式”→“监视模式”→“异常模式”,若无异常发生则略过异常模式。

③ 当有新的异常发生时,在任何模式都会马上切到异常显示模式下,按下“MODE”键可切换到其他模式,当连续 20 s 没有任何键被按下,则会自动切换回异常模式。

④ 在监视模式下,若按下“UP”或“DOWN”键可切换监视变数。此时监视变数符号会持续显示约 1 s。

⑤ 在参数模式下,按下“SHIFT”键时可切换群组码。UP/DOWN 键可变更后二汉字参数码。

⑥ 在参数模式下，按下“SET”键，系统立即进入编辑设定模式，显示器同时会显示此参数对应的设定值。此时可利用 UP/DOWN 键修改参数值，或按下“MODE”键脱离编辑设定模式并回到参数模式。

⑦ 在编辑设定模式下，可按下“SHIFT”键使闪烁汉字左移，再利用 UP/DOWN 键快速修正较高的设定汉字值。

⑧ 设定值修正完毕后，按下“SET”键，即可进行参数储存或执行指令。

⑨ 完成参数设定后，显示器会显示结束代码“SAVED”，并自动回复到参数模式。

4.3 工作页

4.3.1 任务描述

选料机构（图 2–17）的控制要求如下。

原点位置设定为位置 1，当选料机构进行选料时，10 s 内工作台从位置 1 移动到位置 2（距离 50 cm），停止进行取料。取料完成后，对工件进行判断，如果是塑料件，则工作台 5 s 内移动到位置 2（位置 2 与位置 3 之间的距离是 30 cm），将工件放入放料盒 B 中；如果是金属件，则工作台 10 s 内移动到位置 1，将工件放入料盒 A 中。

工作台安装在丝杆滑台上，丝杆螺距是 4 mm，要求控制精度为 0.001 mm。丝杆滑台采用步进电机驱动。

4.3.2 任务要求

请按以下步骤完成工作任务。

（1）完成任务引导中的相关问题；

（2）根据任务描述，在项目 1 所绘制系统图的基础上绘制电路图；

（3）根据任务要求选择步进电机及驱动器；

（4）根据电路图按标准安装电路；

（5）检测电路；

（6）根据任务要求设置步进驱动器；

（7）根据任务要求编写 PLC 控制程序并调试；

（8）完成系统调试；

（9）完成产品移交。

4.3.3 工作过程

1. 任务引导

引导问题 1：查阅资料，根据图 4–50 中信息在表 4–7 中对 OMRON 编码器进行信息确认。

（a）编码器1　　（b）编码器2

图 4–50　OMRON 编码器

表 4–7　OMRON 编码器确认表

序号	标注	内容
1	型号	E6B2–CWZ6C
2	输出方式	
3	1000P/R	
4	Brown：5to24VDC	
5	Blue：0V	
6	Shield：GND	
7	Black：OUT A	
8	White：OUT B	
9	Orange：OUT Z	

引导问题 2: 查阅资料，根据图 4–51 中信息在表 4–8 中对步进电机及驱动器进行信息确认。

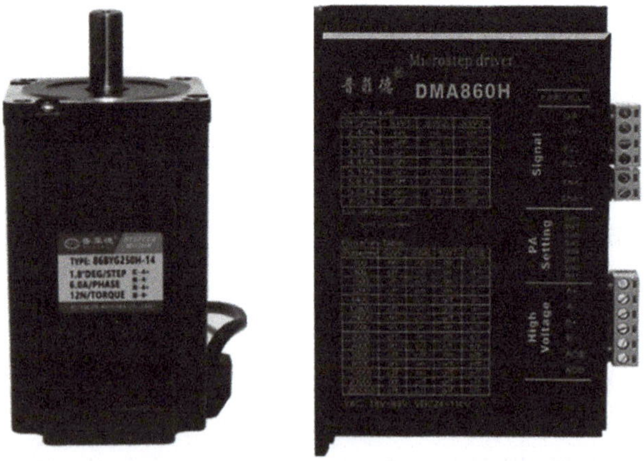

（a）步进电机　　（b）步进电机驱动器

图 4–51　步进电机及驱动器

表 4-8 步进电机及驱动器确认表

步进电机		步进电机驱动器	
型号	86BYG250H-14	型号	DMA860H
步距角		输入电压	
相数		最大细分	
输出转矩		DIR-、DIR+ 端子功能	
额定电流		PUL-、PUL+ 端子功能	
轴径		ENA-、ENA+ 端子功能	
外观尺寸			

引导问题 3: 步进电机要正确运行，除了正确接线外，还需对步进电机驱动器进行设置，现要正常驱动 86BYG250H-14 步进电机，输入 3 200 个脉冲步进电机转动一圈，那么 SW8 ~ SW1=________________。当步进电机驱动器的电源电压是 DC 24 V 时，在 DIR、PUL 及 ENA 端应串入________Ω 电阻，以保证驱动器在工作时接口不会被烧坏。

引导问题 4: 图 4-52 是步进电机的矩频特性曲线，若步进电机 86BYG250H 要保持最大转矩输出，其转速不能超过________rpm。

引导问题 5: 图 4-53 是伺服电机和伺服驱动器，查阅资料写出伺服电机及驱动器型号的含义。

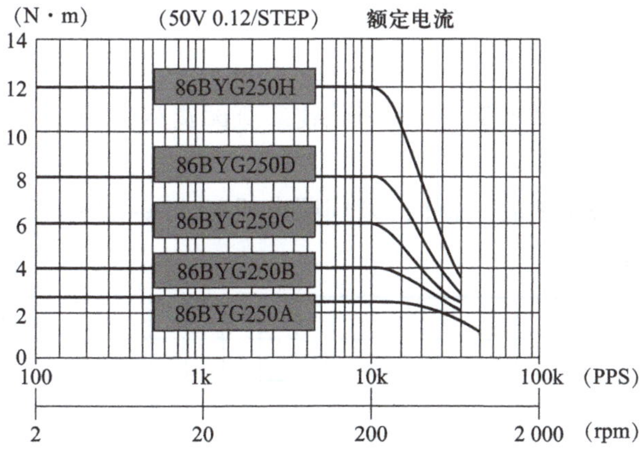

图 4-52 步进电机矩频特性曲线

图 4-53 伺服电机及驱动器

伺服驱动器型号 ASD-B2-0421-B；伺服电机型号 ECMA-C20602ES。

引导问题 6：查阅资料，说明台达 B2 伺服驱动器各端口功能，填写表 4-9。

表 4-9 台达 B2 伺服驱动器端口功能

序号	接线端	功能
1	R、S、T	
2	L_{1C}、L_{2C}	
3	U、V、W	
4	P、D、C	
5	CN1	
6	CN2	
7	CN3	

引导问题 7：伺服电机的工作模式主要有位置控制模式 PT、速度模式 S 和扭矩模式 T，工作模式在台达 B2 伺服驱动器中可通过参数__________设定，当要设置为 PT 模式时，该参数值应设置为________。

引导问题 8：伺服系统中有一个非常重要的参数：电子齿轮比。查阅资料，用自已的语言说明什么是电子齿轮比。

当要求控制器输出 5 000 个脉冲，伺服电机转一圈时，以伺服电机 ECMA-C20602ES 为例，分别说明参数 P1-44、P1-45 设置值。

2. 工作计划

（1）填写分工表

根据任务要求，由组长组织小组成员讨论，合理分工，并填写表 4–10。

表 4–10　任务分工

序号	组员姓名	组员任务分工	备注

（2）填写工作计划表

根据小组成员任务分工，对任务内容进行细化，提出工作要求并确定完成工作时间，制订对应的工作计划，并完成表 4–11。

表 4–11　工作计划

序号	工作内容	完成时间	工作要求	负责人	备注

（3）列出工具、仪表、器材清单

根据完成任务内容，统计完成任务所需的工具、仪表和器材，并填写表 4–12~ 表 4–14。

表 4–12　工具统计

序号	名称	型号	规格	数量	备注

续表

序号	名称	型号	规格	数量	备注

表 4-13　仪表统计

序号	名称	型号	规格	数量	备注

表 4-14　器材统计

序号	名称	型号	规格	数量	备注

（4）成本预算

明确企业生产涉及的成本因素，有利于过程质量管理，在表 4–15 中列举电气设备生产加工涉及的成本因素，参照规模化生产标准，查找计算办法，并向团队的其他人介绍成本计算结果。

表 4–15 成本预算

序号	项目	价格	备注

（5）绘制修改控制电路

根据任务描述，在项目 2 图纸的基础上绘制修改部分控制电路。

（6）制订计划

制订电气电路安装工艺计划，明确安装标准。

（7）设计 PLC 程序方案

根据选料机构控制要求，设计 PLC 控制程序并记录。

① I/O 分配表（表 4–16）。

表 4–16　I/O 分配

序号	符号地址	操作数	注释

② 编写 PLC 程序。

3. 生产准备

（1）检查与决策

安装控制电路前，进行关键工艺技术的检查、决策，按表 4–17 中的要点执行。

表 4–17　生产准备检查

序号	决策点	请决策	
1	电路图绘制是否正确	是○	否○
2	控制柜元器件布局图是否科学	是○	否○
3	接线图是否正确	是○	否○
4	布线工艺是否符合标准	是○	否○

续表

序号	决策点	请决策	
5	工具准备已完成	是○	否○
6	仪器准备已完成	是○	否○
7	材料准备完善、合理	是○	否○
8	工位整理已确认	是○	否○
9	元器件清查已完成	是○	否○
10	PLC 程序方案已完成	是○	否○
11	场室使用要求已明确	是○	否○
12	劳动保护达到要求	是○	否○

(2)问题记录

若准备工作存在问题，请写明原因。

4. 操作实施

按照小组制定的最佳方案进行电路的安装与调试。

(1) 工作步骤 1：系统安装与调试

按工艺工序计划实施控制系统安装与调试，并将结果填入表 4-18 中。

表 4-18 系统安装与调试步骤

行动步骤	事项	完成
1	按布局安装好电气元器件	是○ 否○
2	将所有元器件做好标识	是○ 否○
3	安装主电路	是○ 否○
4	安装 PLC 电路	是○ 否○
5	安装步进电机控制电路	是○ 否○
6	利用仪表实施电气控制电路检查。绝缘检查并对关键技术点进行检查，保证电路具有通电条件	是○ 否○
7	编写 PLC 程序，按任务描述编写 PLC 程序，以实现其控制功能	是○ 否○
8	按控制要求设置步进电机的电流及细分	是○ 否○
9	通电试车，调试，完成工作台定位控制功能	是○ 否○
10	工位整理	是○ 否○

(2) 工作步骤 2：电气动系统关键点检查

在表 4-19 中记录检查的要点和结果。另需补充检测关键点可填到空白处。

表 4-19 电气动系统检查

步骤	测量项目	检查关键点	检查 / 测量方式	测量值	规定值	测量值正常
1	元器件标识	所有的元器件已贴标识	目测			是○ 否○
2	元器件检查	所有元器件无损坏	目测 / 仪表检测			是○ 否○
3	气管接头	所有气管安装牢固	目测			是○ 否○
4	气管布设	气管按专业要求布设	目测			是○ 否○
5	导线连接	导线连接规范整洁	目测			是○ 否○
6	导线外观	导线无损坏	目测			是○ 否○
7	按图接线	按电路图布线	目测			是○ 否○
8	绝缘电阻	L1–L2	仪表测量			是○ 否○
9		L1–L3	仪表测量			是○ 否○
10		L2–L3	仪表测量			是○ 否○
11		L1–N	仪表测量			是○ 否○
12		L2–N	仪表测量			是○ 否○
13		L3–N	仪表测量			是○ 否○

续表

步骤	测量项目	检查关键点	检查 / 测量方式	测量值	规定值	测量值正常
14	PE 线导通性	电源插头 – 控制柜门	仪表测量			是○ 否○
15		电源插头 – 执行机构	仪表测量			是○ 否○
16	电源电压	L1–N	仪表测量			是○ 否○
17		L2–N	仪表测量			是○ 否○
18		L3–N	仪表测量			是○ 否○
19	DC 24 V 电压	X3∶1–X3∶6	仪表测量			是○ 否○
20	步进驱动器设置	细分与电流设置	目测设置开关位置			是○ 否○
21	系统功能	系统运行正常	通电功能测试			是○ 否○

（3）工作步骤 3：编写用户使用手册

编写用户使用手册，明确产品可能出现的操作问题及解决方法。

（4）分析在通电调试中，发现工作台运动方向与设置方向不同，可能的原因是什么？如何调试？

（5）记录调试完成的 PLC 程序

5. 产品移交及评价

产品安装调试完成后，参照表 4–20 指标向指导教师提交作品及资料，指导教师评价学生学习成果。

表 4-20　项目评分

移交目录	技术要求	技术标准	分值	得分	权重
产品	元器件	每个元器件按图纸粘贴标识，标识正确、醒目；同类型元器件排布紧凑	1		0.4
	连线	布线平直、不交叉、不跨接；牢固、线头处理正确、接线正确；号码管放置方向、标志正确	1.5		
	PE 线	变频器、PLC、开关电源、电机等 PE 线连接符合规范	0.5		
	步进电机安装	电机轴与丝杆轴通过联轴器联接，且同心，转动灵活无卡顿	1		
	步进电机驱动器开关设置	电流设置正确、细分设定正确	2		
	通电测试	完成产品功能	3		
	功能描述	现场设备操作及讲解	1		
合计 1					
技术资料	任务引导	资料完成情况	4		0.4
	工作计划	资料完成情况	3		
	生产准备	资料完成情况	1		
	任务实施	资料完成情况	2		
合计 2					
现场	工位整理	工具摆放	5		0.2
		垃圾处理	5		
合计 3					
总分					

6. 总结与提高

(1) 工作总结

① 制作小组工作结果展示材料，进行展示汇报，总结收获、不足和改进措施。

② 记录本次工作所接触到的知识。

（2）思考与提高

用 S7-1200PLC 控制伺服电机驱动圆工作台工作：

如图 4-54 所示，圆工作台上有 A、B、C、D 四个工件，开始工作时圆工作台将工件 A 转到位置 1 处，此时机器人将工件 A 取走进行加工，当工件 A 取走后圆工作台逆时针转动 90°，将工件 B 转到位置 1，此时机器人再将工件 B 取走进行加工，当工件 B 取走后圆工作台逆时针转动 90°，以此类推机器人将工件 C、D 取走加工，圆工作台再逆时针转动 90°，圆工作台工件 A 位置到达位置 1 后停机。要重新启动 A、B、C、D 须放满四个工件。

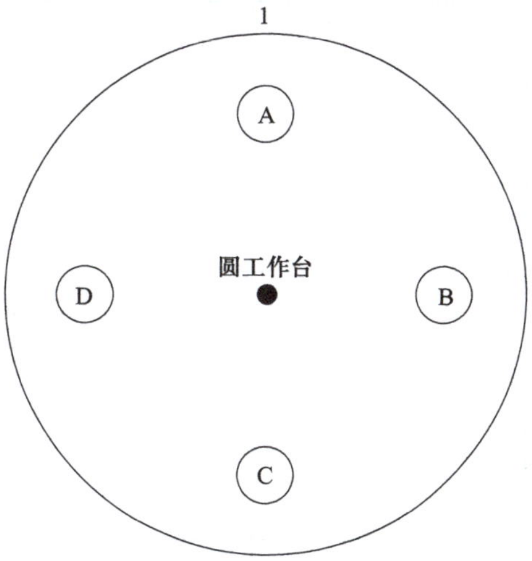

图 4-54　圆工作台示意图

A、B、C、D 处是否有工件，用接近开关进行检测。

① 画出此功能的电 - 气动回路。

② 写出完成此功能所需的 PLC 程序。

③ 列出此功能的伺服参数。

项目 5 选料机构工作台触摸屏组态

5.1 学习要求

5.1.1 知识目标

1. 掌握 MCGS 组态软件常用术语；
2. 掌握 MCGS 组态软件的整体结构；
3. 掌握组建新工程的一般过程。

5.1.2 能力目标

1. 能够根据要求建立 MCGS 新工程；
2. 能够收集信息，制订工作计划；
3. 能够总结安装调试过程。

5.1.3 素质目标

1. 能够考虑安全与环保因素，遵守工位 6S 与安全规范；
2. 熟练掌握触摸屏组态软件的使用方法，提高操作能力；
3. 能根据实际需求调整和优化触摸屏的用户界面设计；
4. 能够与团队成员有效沟通，共享信息，提高团队协作沟通能力；
5. 能通过实验验证新想法的可行性，提高实验能力。

5.2 知识导航

5.2.1 MCGS 组态软件

1. MCGS 组态软件的概念

MCGS 组态软件是一套基于 Windows 平台的，用于快速构造和生成上位机监控系统的组态软件系统。

MCGS 组态软件为用户提供了解决实际工程问题的完整方案和开发平台，能够完成现场数据采集、实时和历史数据处理、报警和安全机制、流程控制、动画显示、趋势曲线和报表输出以及企业监控网络等功能。

使用 MCGS 组态软件，用户无须具备计算机编程的知识，就可以在短时间内轻而易举地完成一个运行稳定，功能全面，维护量小并且具备专业水准的计算机监控系统的开发工作。

2. MCGS 组态软件的结构

MCGS 组态软件由 MCGS 组态环境和 MCGS 运行环境两个系统组成，如图 5-1 所示。两部分互相独立，又紧密相关。

MCGS 组态环境是生成用户应用系统的工作环境，由可执行程序 McgsSet.exe 支持，其存放于 MCGS 目录的 Program 子目录中。用户在 MCGS 组态环境中完成动画设计、设备连接、编写控制流程、编制工程打印报表等全部组态工作后，生成扩展名为 .mcg 的工程文件，又称为组态结果数据库。

MCGS 运行环境是用户应用系统的运行环境，由可执行程序 McgsRun.exe 支持，其存放于 MCGS 目录的 Program 子目录中。在运行环境中完成对工程的控制工作。

图 5-1　MCGS 组态软件的整体结构

3. MCGS 组态软件的组成

MCGS 组态软件所建立的工程由主控窗口、设备窗口、用户窗口、实时数据库和运行策略五部分构成，每一部分分别进行组态操作，完成不同的工作，具有不同的特性，如图 5-2 所示。

（1）主控窗口

主控窗口是工程的主窗口或主框架。在主控窗口中可以放置一个设备窗口和多个用户窗口，负责调度和管理这些窗口的打开或关闭。主要的组态操作包括：定义工程的名称，编制工程菜单，设计封面图形，确定自动启动的窗口，设定动画刷新周期，指定数据库存盘文件名称及存盘时间等。

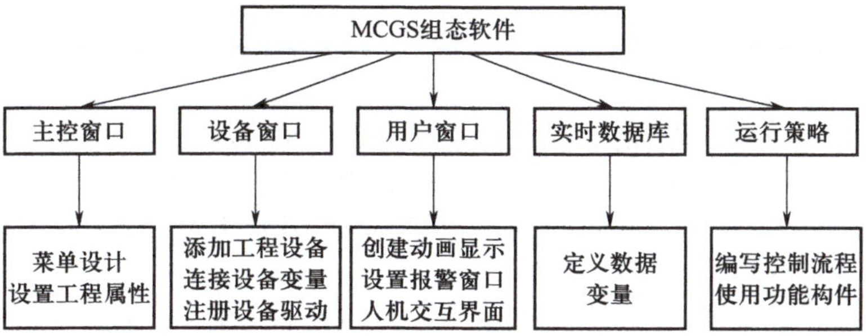

图 5-2　MCGS 组态软件的组成

（2）设备窗口

设备窗口是连接和驱动外部设备的工作环境。在本窗口内配置数据采集与控制输出设备，注册设备驱动程序，定义连接与驱动设备用的数据变量。

（3）用户窗口

用户窗口主要用于设置工程中的人机交互界面，包括生成各种动画显示画面、报警输出、数据与曲线图表等。

（4）实时数据库

实时数据库是工程各个部分的数据交换与处理中心，它将 MCGS 工程的各个部分连接成有机的整体。在本窗口内定义不同类型和名称的变量，作为数据采集、处理、输出控制、动画连接及设备驱动的对象。

（5）运行策略

运行策略窗口主要完成工程运行流程的控制，包括编写控制程序，选用各种功能构件，包括：数据提取、定时器、配方操作、多媒体输出等。

4. MCGS 组态软件常用术语

常用术语的具体含义见表 5-1。

表 5-1　MCGS 组态软件常用术语

术语	含义
工程	用户应用系统的简称。引入工程的概念，是使复杂的计算机专业技术更贴近于普通工程用户。在 MCGS 组态环境中生成的文件称为工程文件，后缀为 .mcg，存放于 MCGS 目录的 WORK 子目录中。如“D:\MCGS\WORK\ 水位控制系统 .mcg”
对象	操作目标与操作环境的统称。如窗口、构件、数据、图形等皆称为对象
选中对象	点击窗口或对象，使其处于可操作状态，称此操作为选中对象，被选中的对象（包括窗口）称为当前对象
组态	在 MCGS 组态软件开发平台中对五大部分，进行对象的定义、制作和编辑，并设定其状态特征（属性）参数，此项工作称为组态
属性	对象的名称、类型、状态、性能及用法等特征的统称

术语	含义
菜单	执行某种功能的命令集合。如系统菜单中的“文件”菜单命令,是用来处理与工程文件有关的执行命令。位于窗口顶端菜单条内的菜单命令称为顶层菜单,一般分为独立的菜单和下拉菜单两种形式,下拉菜单还可分成多级,每一级称为一个次级子菜单
构件	具备某种特定功能的程序模块,可以用 VB、VC 等程序设计语言编写,通过编译,生成 DLL、OCX 等文件。用户对构件设置一定的属性,并与定义的数据变量相连接,即可在运行中实现相应的功能
策略	对系统运行流程进行有效控制的措施和方法
启动策略	在进入运行环境后首先运行的策略,只运行一次,一般用于完成系统初始化的处理。该策略由 MCGS 自动生成,具体处理的内容由用户充填
循环策略	按照用户指定的周期时间,循环执行策略块内的内容,通常用来完成流程控制任务
退出策略	退出运行环境时执行的策略。该策略由 MCGS 自动生成,自动调用,一般由该策略模块完成系统结束运行前的善后处理任务
用户策略	由用户定义,用来完成特定的功能。用户策略一般由按钮、菜单、其他策略来调用执行
事件策略	当对应的事件发生时执行的策略,例如在用户窗口中定义了鼠标单击事件,工程运行时在用户窗口中单击鼠标则执行相应的事件策略,只运行一次
热键策略	当用户按下定义的组合热键(如:Ctrl+D)时执行的策略,只运行一次
可见度	对象在窗口内的显现状态,即可见与不可见
变量类型	MCGS 定义的变量有五种类型:数值型、开关型、字符型、事件型和组对象
事件对象	用来记录和标识某种事件的产生或状态的改变。如开关量的状态发生变化
组对象	用来存储具有相同存盘属性的多个变量的集合,内部成员可包含多个其他类型的变量。组对象只是对有关联的某一类数据对象的整体表示方法,而实际的操作则均针对每个成员进行
动画刷新周期	动画更新速度,即颜色变换、物体运动、液面升降的快慢等,以 ms 为单位
父设备	本身没有特定功能,但可以和其他设备一起与计算机进行数据交换的硬件设备。如串口通信父设备
子设备	必须通过一种父设备与计算机进行通信的设备。如浙大中控 JL-26 无纸记录仪、研华 4017 模块等
模拟设备	在对工程文件测试时,提供可变化的数据的内部设备,可提供多种变化方式,如正弦波、三角波等
数据库存盘文件	MCGS 工程文件在硬盘中存储时的文件,类型为 MDB 文件,一般以工程文件的文件名 +“D”进行命名,存储在 MCGS 目录下的 WORK 子目录中,如“D:\MCGS\Work\ 水位控制系统 D.mdb”

5. 组建新工程的一般过程

一般过程的具体内容见表 5-2。

表 5-2　组建新工程一般过程

过程	具体内容
工程项目系统分析	分析工程项目的系统构成、技术要求和工艺流程，了解系统的控制流程和监控对象的特征，明确监控要求和动画显示方式，分析工程中的设备采集及输出通道与软件中实时数据库变量的对应关系，分清哪些变量是要求与设备连接的，哪些变量是软件内部用来传递数据及动画显示的
工程立项搭建框架	定义工程名称、封面窗口名称和启动窗口（退出封面窗口后接着显示的窗口）名称，指定存盘数据库文件的名称以及存盘数据库，设定动画刷新的周期。此步操作，即在 MCGS 组态环境中，建立了由五部分组成的工程结构框架。封面窗口和启动窗口也可在建立用户窗口后再建立
设计菜单基本体系	为了对系统运行的状态及工作流程进行有效地调度和控制，通常要在主控窗口内编制菜单。编制菜单分两步进行，第一步首先搭建菜单的框架，第二步再对各级菜单命令进行功能组态。在组态过程中，可根据实际需要，随时对菜单的内容进行增加或删除，不断完善工程的菜单
制作动画显示画面	动画制作分为静态图形设计和动态属性设置两个过程。前一部分中用户通过 MCGS 组态软件中提供的基本图形元素及动画构件库，在用户窗口内组合各种画面。后一部分则设置图形的动画属性，与实时数据库中定义的变量建立相关性的连接关系，作为动画图形的驱动源
编写控制流程程序	在运行策略窗口内，从策略构件箱中选择所需功能策略构件，构成各种功能模块（策略块），由这些模块实现各种人机交互操作。MCGS 组态软件还为用户提供了编程用的功能构件（脚本程序功能构件），使用简单的编程语言，编写工程控制程序
完善菜单按钮功能	对菜单命令、监控器件、操作按钮的功能组态；实现历史数据、实时数据、各种曲线、数据报表、报警信息输出等功能；建立工程安全机制等
编写程序调试工程	利用调试程序产生的模拟数据，检查动画显示和控制流程是否正确
连接设备驱动程序	选定与设备相匹配的设备构件，连接设备通道，确定数据变量的数据处理方式，完成设备属性的设置。此项操作在设备窗口内进行
工程完工综合测试	测试工程各部分的工作情况，完成整个工程的组态工作，实施工程交接

注意：以上步骤只是按照组态工程的一般思路列出的。在实际组态中，有些过程是交替进行的，用户可根据工程的实际需要和自己的习惯，调整步骤的先后顺序，并无严格的限制与规定。这里列出以上步骤是为了帮助用户了解 MCGS 组态软件使用的一般过程，以便于用户快速学习和掌握 MCGS 组态软件。

5.2.2 MCGS 新建工程

微课知识点 5.1
MCGS 触摸屏组态一个简单画面

1. 新建工程

点击图 5-3 中按钮，新建 MCGS 工程。

2. 选择 HMI 类型

在“新建工程设置”界面中选择 HMI 类型，应与实际型号相同，如图 5-4 所示。

图 5-3　新建工程

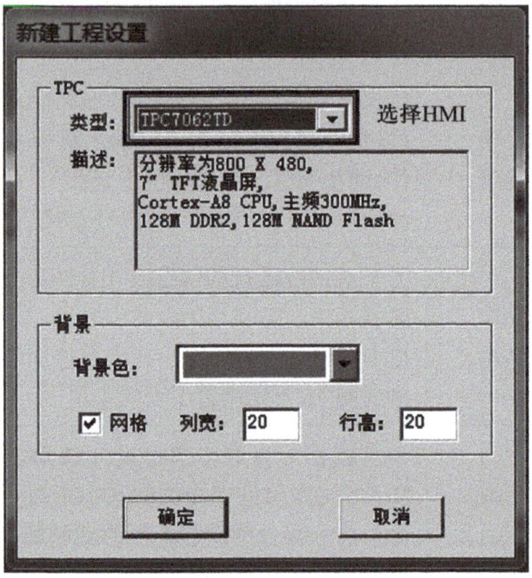

图 5-4　选择 HMI

3. 打开“工作台”对话框

在新工程中点击“工作台”以打开“工作台”对话框，如图 5-5 所示。

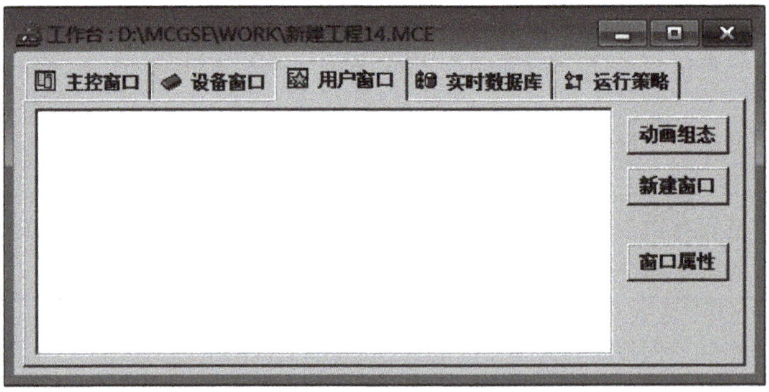

图 5-5　MCGS 工作台对话框

4. 新增对象

选择“实时数据库”选项卡，新增“按钮”和“指示灯”开关型数据对象，如图 5-6 所示。

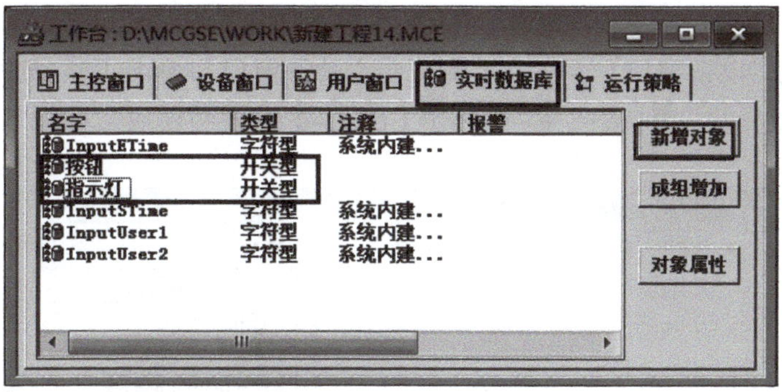

图 5-6　MCGS 实时数据库

5. 新建窗口

选择“用户窗口”选项卡，新建窗口 0，如图 5-7 所示。

图 5-7　新建用户窗口

6. 添加元件

双击窗口 0，进入窗口 0 组态窗口，在工具箱中选择按钮和指示灯，使按钮连接“按钮”数据对象，操作属性设置为“按 1 松 0”；指示灯连接“指示灯”数据对象，如图 5-8 所示。

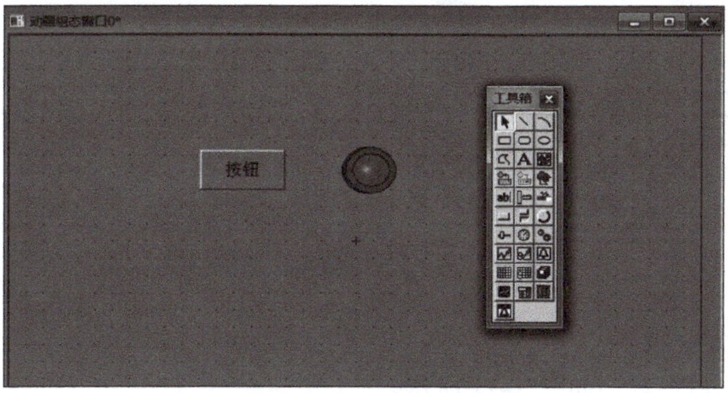

图 5-8　MCGS 组态窗口

7. 添加设备

在工作台的“设备窗口”选项卡下侧双击“设备窗口”，单击工具条上的“工具箱”按钮，弹出“设备工具箱”窗口，选择“西门子 CP443-1 以太网模块”，如图 5-9 所示。

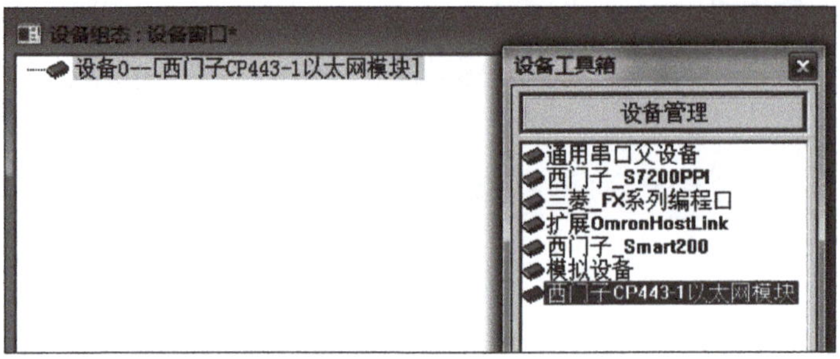

图 5-9　MCGS 设备窗口

8. 设备属性设置

双击“设备 0-[西门子 CP443-1 以太网模块]”，进入“设备编辑”窗口，修改触摸屏 IP 地址和 PLC 的 IP 地址，此处的 IP 地址要与触摸屏和 PLC 实际设置一致；连接变量，“按钮”与 M000.0 连接，“指示灯”与 M000.1 连接，如图 5-10 所示。

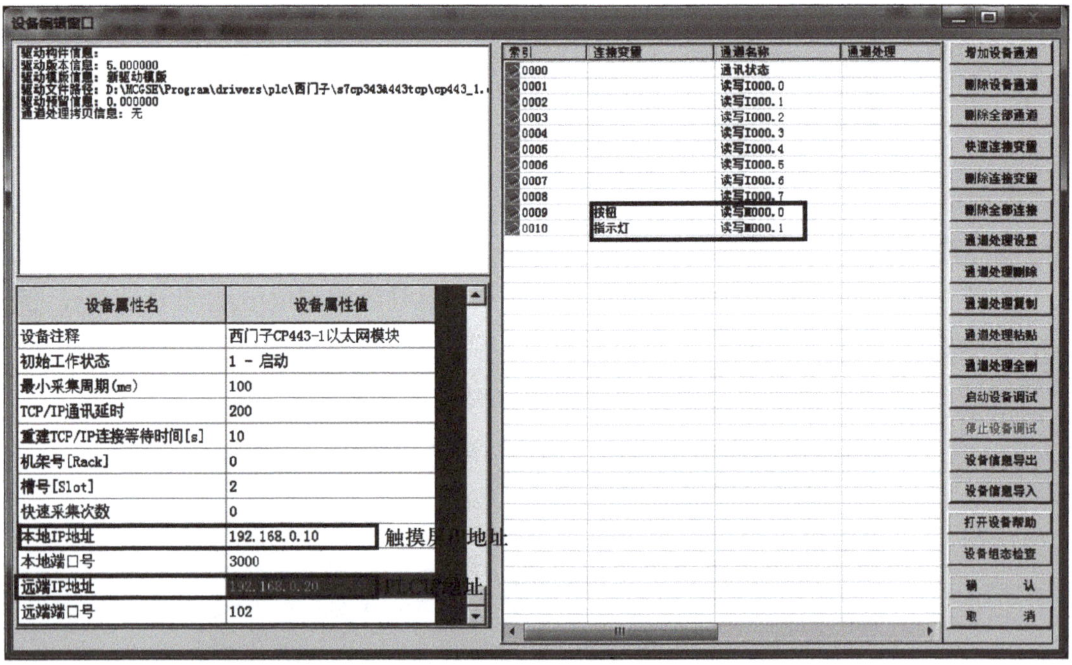

图 5-10　MCGS 设备编辑窗口

9. 编写 PLC 程序

编写完成的 PLC 程序如图 5-11 所示。

图 5-11　PLC 程序

10. 下载工程

在下载配置中修改目标机 IP 地址，如图 5-12 所示。运行结果如图 5-13 所示。

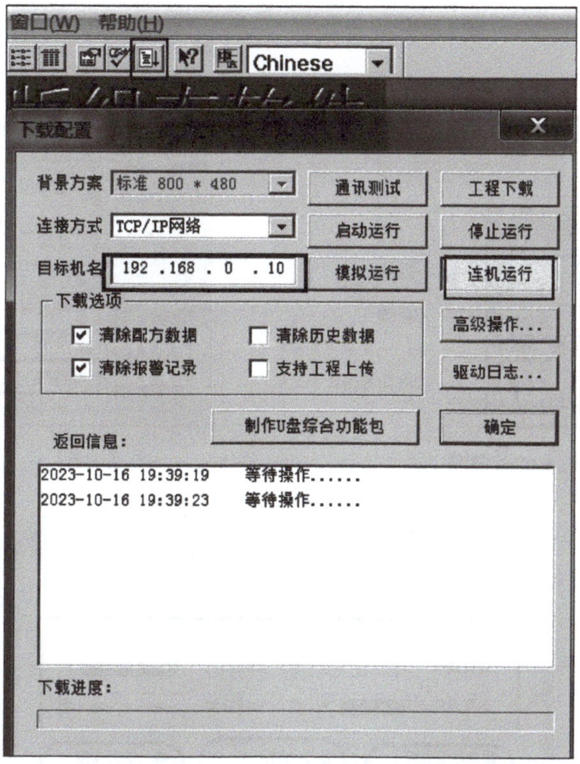

图 5-12　MCGS 下载配置窗口

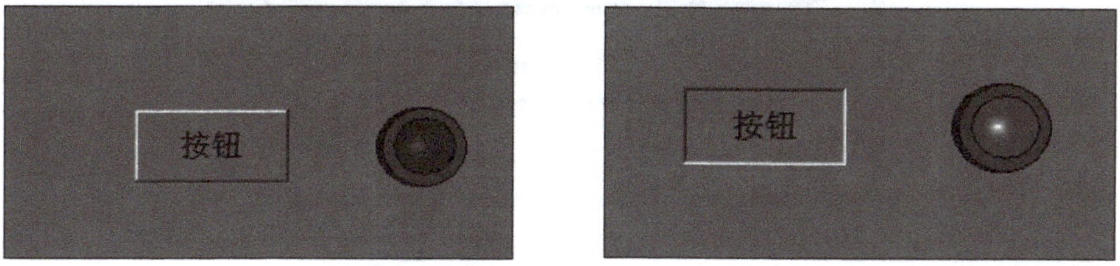

图 5-13　MCGS 运行效果

5.2.3 MCGS 中基本图元功能

基本图元包括工具箱中的直线、弧线、矩形、圆角矩形、椭圆、多边形或折线，如图 5-14 所示。在这里以矩形为例进行讲解，可以通过矩形构件的基本属性页设置实现其静态属性、颜色动画连接、位置动画连接、输入输出连接、特殊动画连接等功能。

1. 静态属性

具体操作，如图 5-15 所示，绘制矩形框后，单击鼠标右键，在出现的快捷菜单中，单击“属性”，将弹出图 5-16 动画组态属性设置窗口，进行静态属性等相应功能设置。

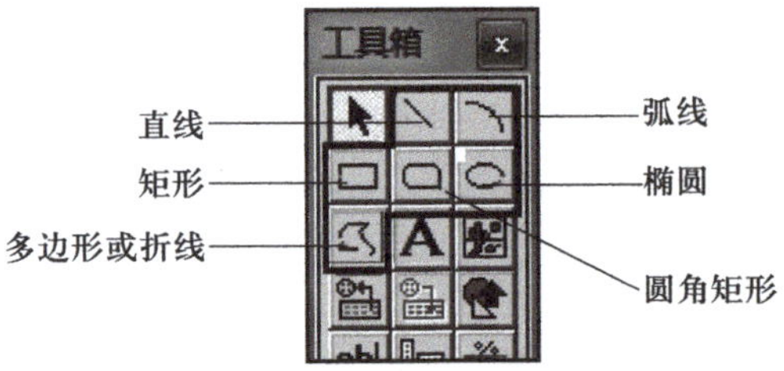

图 5-14　工具箱中的基本图元

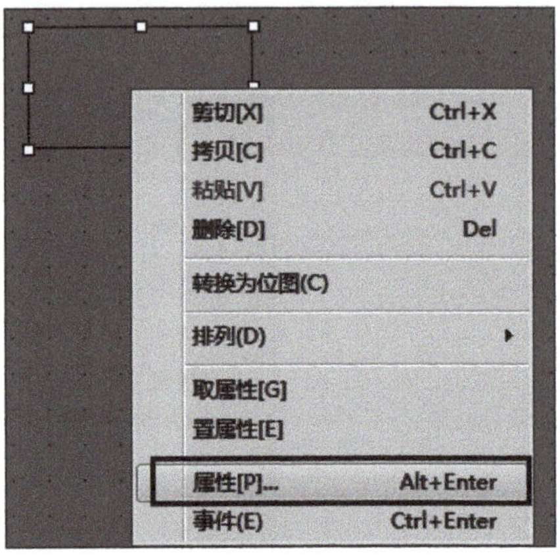

图 5-15　矩形框的属性设置

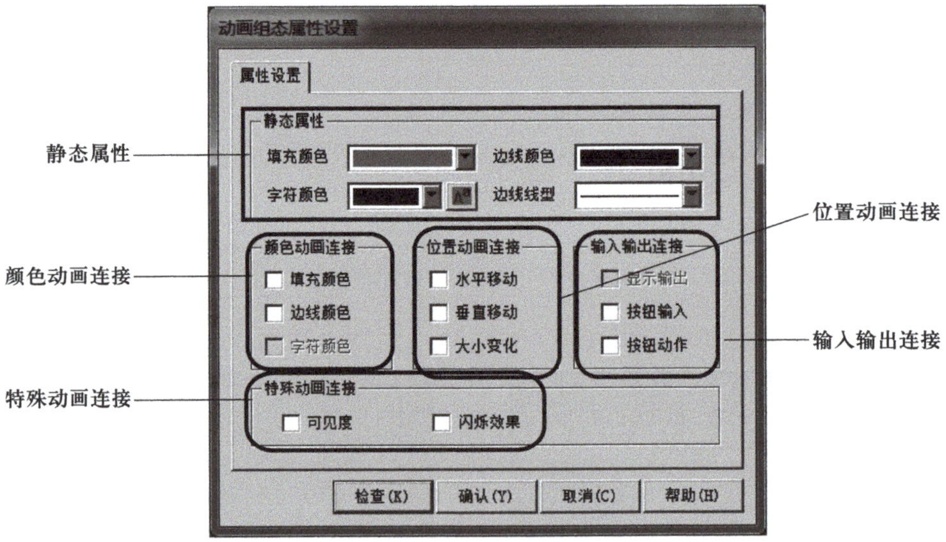

图 5-16　动画组态属性设置窗口

矩形构件的静态属性，可以设置其填充颜色、边线颜色、字符颜色、字号、字型及边线线型。如图 5-17 所示，设置填充颜色为绿色、边线颜色为红色，及设置了边线线型，确认后将出现的效果如左边矩形构件所示。

图 5-17　矩形构件静态属性设置效果图

2. 颜色动画连接

（1）当勾选填充颜色时，将出现“填充颜色”功能页，如图 5-18 所示。

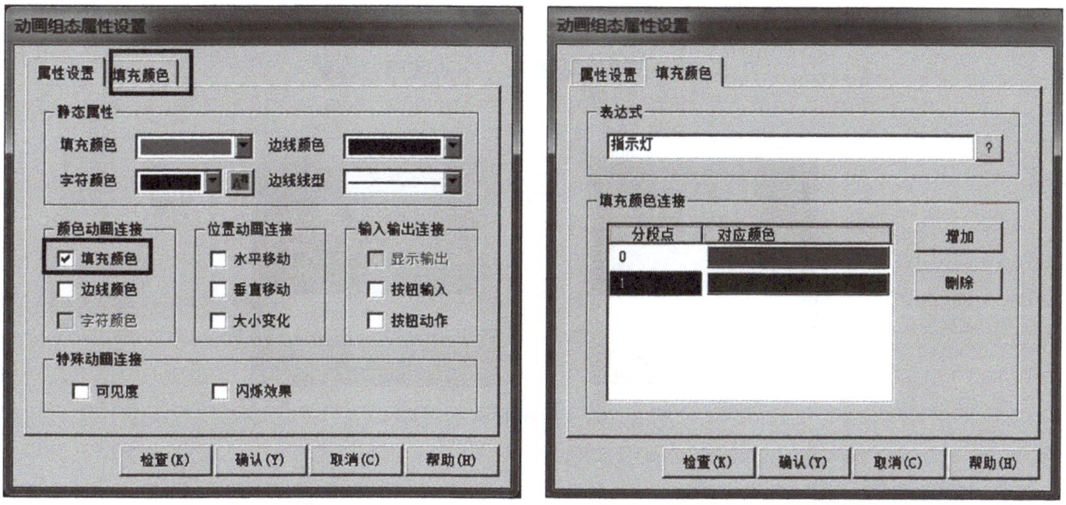

(a) 勾选“填充颜色”　　(b) 设置“填充颜色”

图 5-18　颜色动画连接——填充颜色设置

在“填充颜色”功能页，点击“？”选择“指示灯”变量，当指示灯 =0 时，矩形框填充颜色将显示为绿色；当指示灯 =1 时，矩形框填充颜色将显示为红色，如图 5-19 所示。

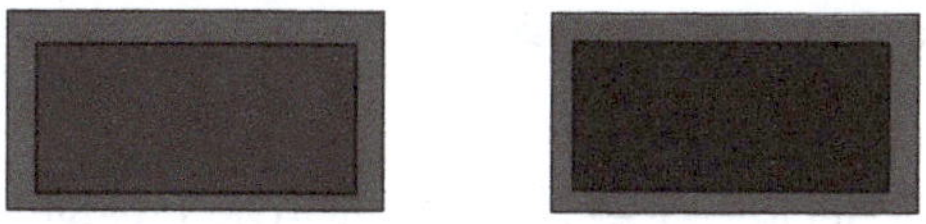

图 5-19　填充颜色效果图

（2）当勾选“边线颜色”后，将出现“边线颜色”功能页，如图 5-20 所示。

在“边线颜色”功能页，点击“？”选择“指示灯”变量，当指示灯 =0 时，矩形框边线颜色将显示为蓝色；当指示灯 =1 时，矩形框填充颜色将显示为青色，如图 5-21 所示。

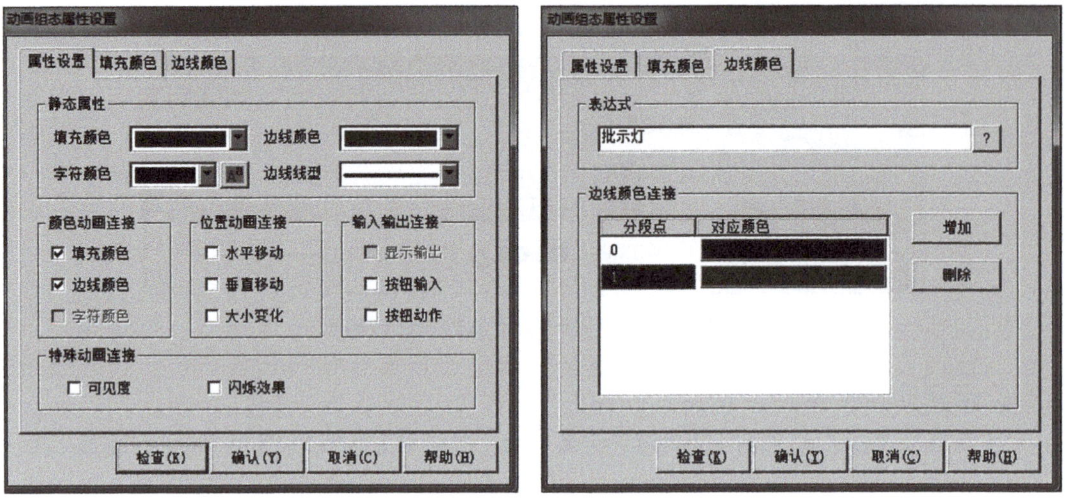

（a）勾选“边线颜色”　　（b）设置“边线颜色”

图 5-20　颜色动画连接——边线颜色设置

图 5-21　边线颜色效果图

3. 位置动画连接

（1）水平移动

当勾选位置动画连接内的水平移动时，将出现“水平移动”功能页。

在“水平移动”功能页，点击表达式右边的“？”，选择“水平移动”变量（可在实时数据库中设置“水平移动”为数值型），即根据“水平移动”的值，矩形框将进行水平移动动画显示；在“水平移动连接”中，设置最小移动偏移量为0，表达式的值为0，最大移动偏移量为100，表达式的值为100，单位是像素点。如图5-22所示为位置动画连接——水平设置。

偏移量和表达式的值之间是一个线性关系，即当水平移动变量值为0时，矩形框位置不变；当水平移动变量值为50时，矩形框位置将向右移动50个像素点；当水平移动变量值为100时，矩形框位置将向右移动100个像素点；当水平移动变量值为200时，矩形框位置将向右移动200个像素点，如图5-23左图所示。

相应的将偏移量设置为0、100，而表达式的值设置为0、200时，当“水平移动”变量的值为100时，矩形框将向右移动50个像素点；当“水平移动”变量为200时，矩形框将会向右移动100个像素点，如图5-23右图所示。

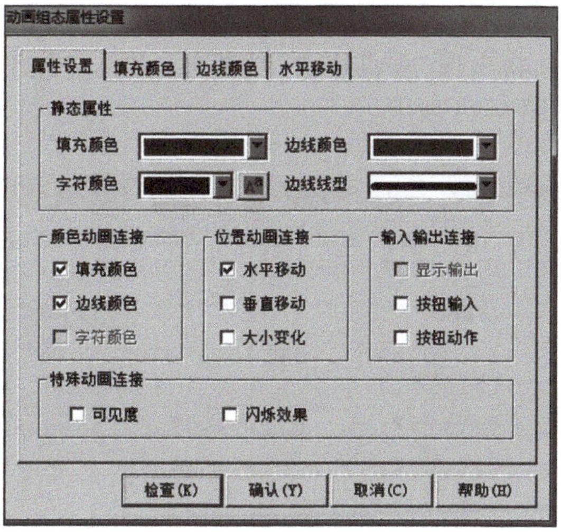

(a) 勾选“水平移动”

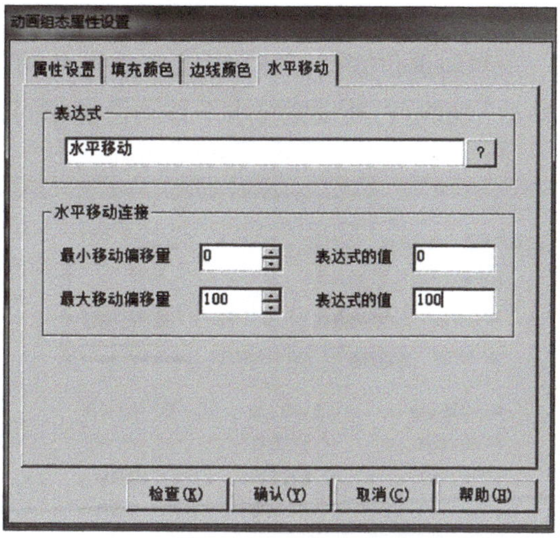

(b) 设置“水平移动”参数

图 5-22 位置动画连接——水平设置

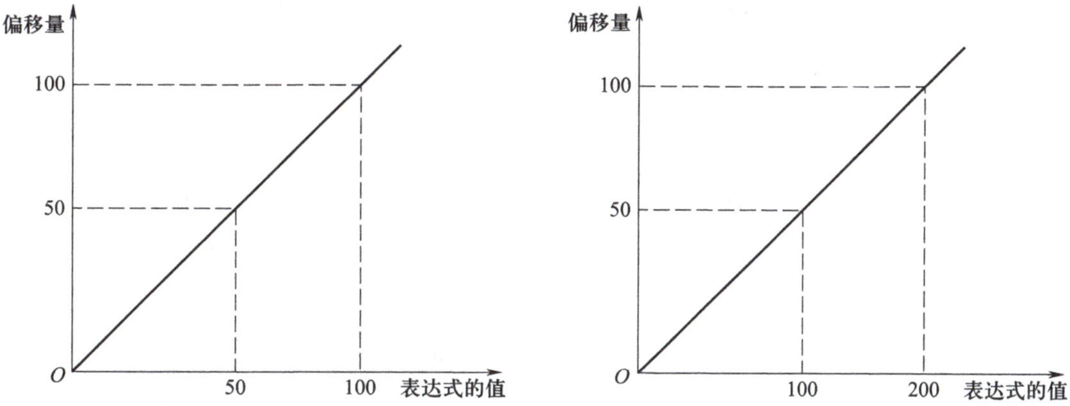

图 5-23 水平移动偏移量与表达式值之间的关系

为了便于观察移动效量，先将矩形框与输入框设置为宽度都是 100，当在输入框中输入水平移动变量值为 0 时，矩形框原位不动；当在输入框中输入水平移动变量值为 50 时，矩形框将向右移动 50 个像素点，刚好是输入框宽度的一半；当在输入框中输入水平移动变量值为 100 时，矩形框将向右移动 100 个像素点，刚好是输入框的宽度；当在输入框中输入水平移动变量值为 200 时，矩形框将向右移动 200 个像素点。矩形框移动效果如图 5-24 所示。

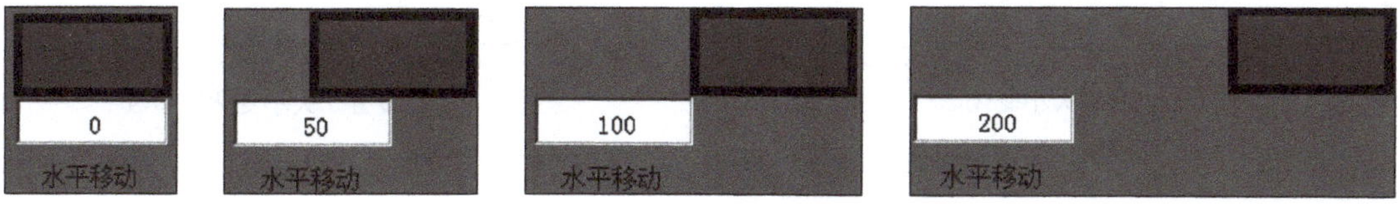

图 5-24 水平移动动画效果图

(2) 垂直移动

当勾选位置动画连接内的“垂直移动”时,将出现“垂直移动”功能页。进入“垂直移动”功能页,其设置与水平移动设置相同,如图 5-25 所示。

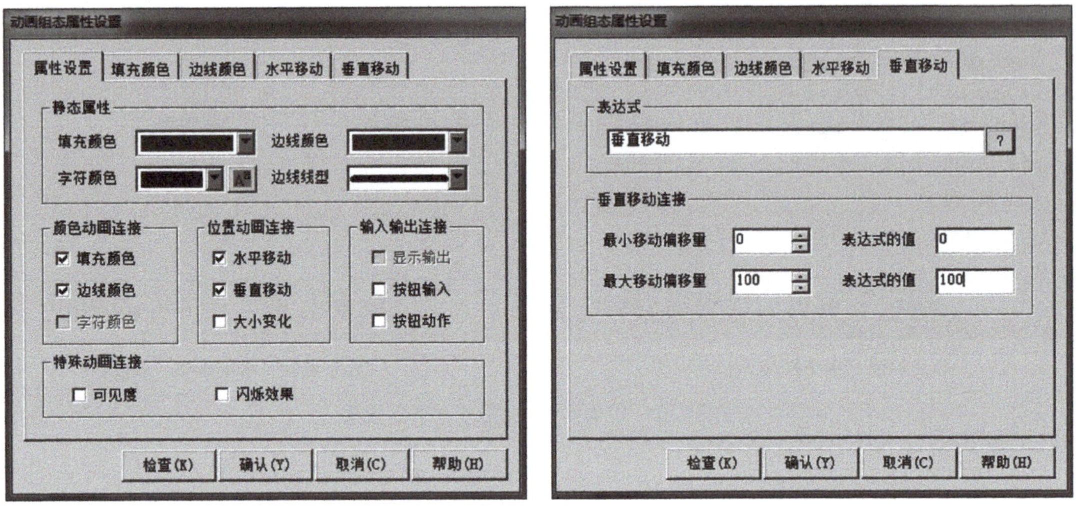

(a) 勾选“垂直移动”　　(b) 设置“垂直移动”参数

图 5-25　位置动画连接——垂直设置

(3) 大小变化

当勾选位置动画连接内的“大小变化”时,将出现“大小变化”功能页。进入“大小变化”功能页,其“表达式”与“大小变化连接”的设置与“水平移动”设置相同,如图 5-26 所示。

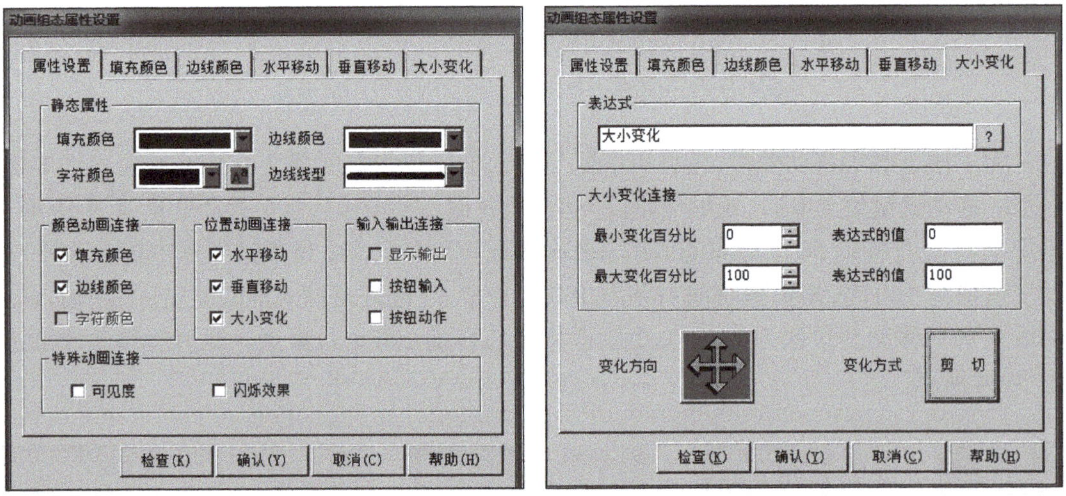

(a) 勾选“大小变化”　　(b) 设置“大小变化”参数

图 5-26　位置动画连接——大小变化设置

在“大小变化”设置页中还需设置其“变化方向”和“变化方式”。其中变化方向有向上、向下、向左、向右、向四周、向上下、向左右变化；变化方式有剪切和缩放变化方式，可根据设计需进行设置。

4. 输入输出连接

(1) 按钮输入

按钮输入，可以用于在 HMI 中输入一个开关量、数值量或字符串数据。

当勾选“输入输出连接”内的“按钮输入”时，将出现“按钮输入”功能页。进入“按钮输入”设置页，点击“对应数据对像的名称”右边的“？”，选择“按钮输入 1”开关量（可在实时数据库中设置“按钮输入 1”为开关量）；输入值类型设置为“开关量输入”；输入格式中，开时信息设为“1”，关时信息设为“0”。如图 5-27 所示。

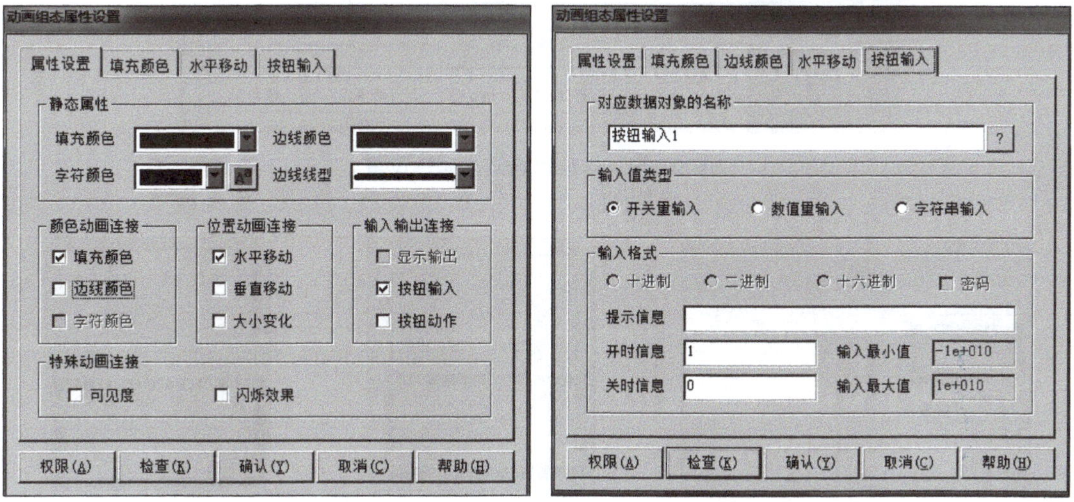

(a) 勾选“按钮输入”　　　　(b) 设置“按钮输入”参数

图 5-27　输入输出连接——按钮输入

为了观察其运行效果，在矩形框上方添加标签组件，设置为输出显示，表达式连接“按钮输入 1”，输出值类型为“开关量输出”，开时信息显示为“On”，关时信息显示为“Off”。标签动画组态属性设置如图 5-28。

设置完成后，下载运行，效果如图 5-29 所示，当鼠标点击绿色矩形方框时，将出现开关输入按钮，选择输入数字 1 或 0；当点选 1 时，标签显示为“On”；当点选 0 时，标签显示为“Off”。

当开关输入设置为数值型时的效果如图 5-30 所示。当开关输入设置为字符型时的效果如图 5-31 所示。

(2) 按钮动作

当在动画组态属性设置窗口中勾选“按钮动作”后，在弹出的按钮动作动画组态属性设置页，可以看出此时的矩形框作按钮使用。当按下矩形框可执行运行策略块、打开用窗口、关闭用户窗口、打印用户窗口、退出运系统、数据对像值操作等功能，如图 5-31 所示。在此以数据对像值操作为例进行学习。

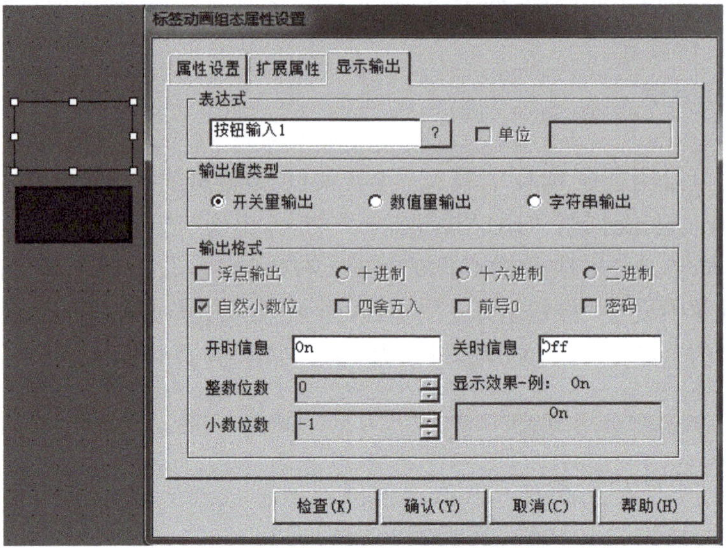

图 5-28　标签动画组态属性设置

图 5-29　按钮输入——开关量输入效果图

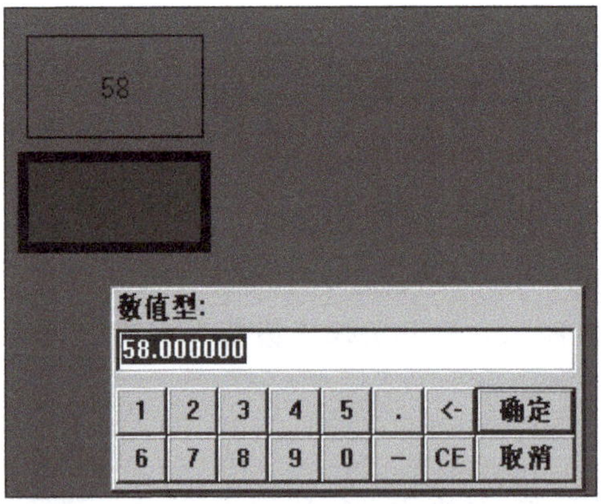

图 5-30　按钮输入——数值型输入效果图

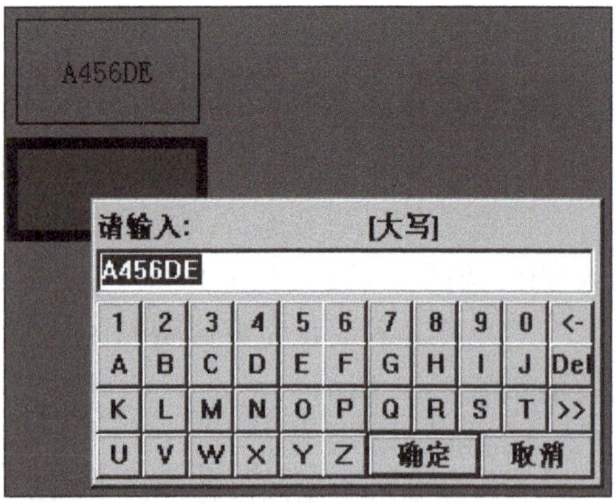

图 5-31　按钮输入——字符型输入效果图

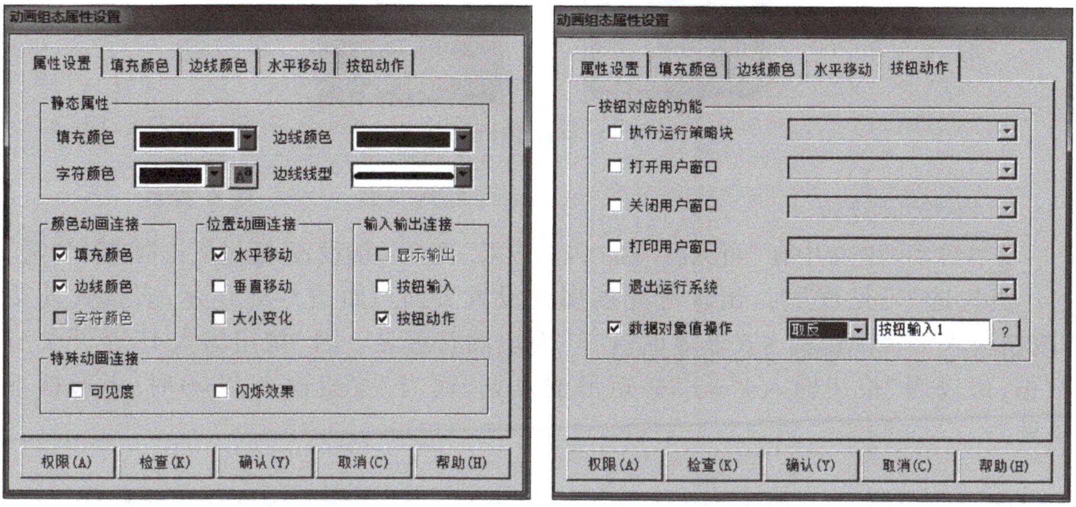

(a) 勾选“按钮动作”　　(b) 设置“按钮对应的功能”

图 5–32　输入输出连接——按钮动作

如图 5–32（b）所示，勾选数据对象值操作，选择功能为“取反”，即按一次矩形框，“按钮输入 1”的值取反一次，原来值为 0，按下矩形框后，按钮输入 1 的值变为 1；原来值为 1，按下矩形框后，“按钮输入 1”的值变为 0。为了显示效果，在矩形框的填充颜色页中表达式连接数据对像为“按钮输入 1”，与“按钮动作”连接的数据对像相同。填充颜色设置，如图 5–33 所示。

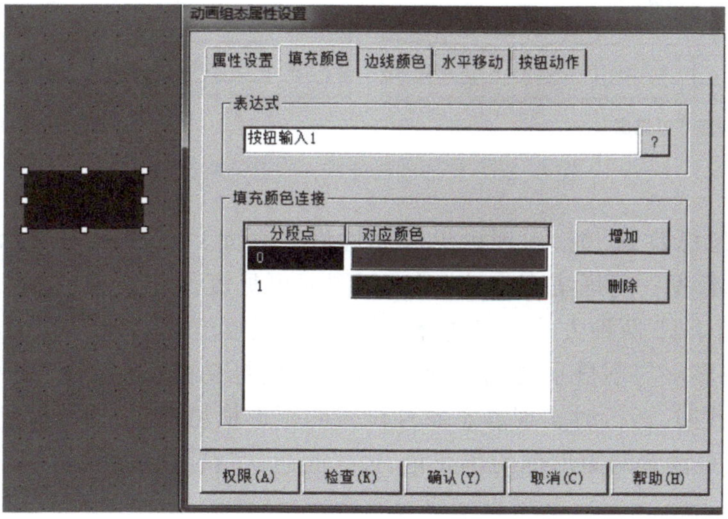

图 5–33　矩形框填充颜色设置

下载运行，当按下矩形框，矩形框将在绿色和红色之间切换，按一次切换一次，矩形框按钮动作效果图，如图 5–34 所示。

图 5-34　矩形框按钮动作效果图

5. 特殊动画连接

在特殊动画连接中有“可见度”和“闪烁效果”两个功能设置，通过复选框进行勾选。

当勾选“可见度”时，出现可见度属性设置页面。如图 5-35 所示，表达式连接“按钮输入 1”数据，表达式非零时选择“对应图符可见”，因“按钮输入 1”是开关型数据，所以当“按钮输入 1”=1 时，矩形框可见；而当“按钮输入 1”=0 时，矩形框不可见。

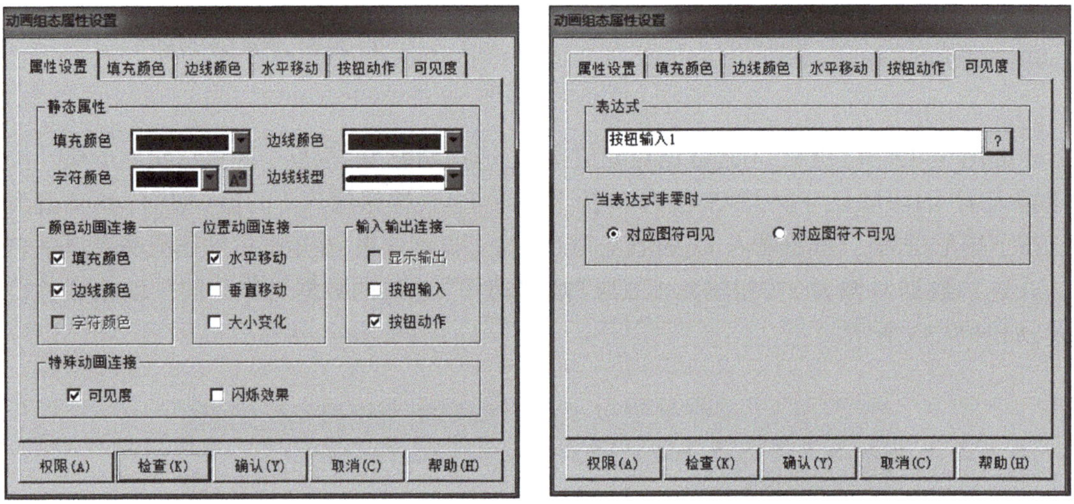

(a) 勾选“可见度”　　　　(b) 设置“可见度”参数

图 5-35　特殊动画连接——可见度设置

当勾选“闪烁效果”时，出现可见度属性设置页面。如图 5-36 所示，表达式连接“按钮输入 1”数据；“闪烁实现方式”有“用图元可见度变化实现闪烁”和“用图元属性的变化实现闪烁”两种方式。当选择“用图元可见度变化实现闪烁”方式时，运行时实现矩形框在显示与不显示之间变化，从而实现闪烁功能；当选择“用图元属性变化实现闪烁”方式时，运行时实现静态属性设置的矩形框填充色、边线颜色、字符颜色与闪烁效果设置页设置的矩形框的填充色、边线颜色、字符颜色相互切换，从而实现闪烁效果。

在“闪烁效果”属性设置页，还可以设置闪烁的速度，分别为快、中、慢三个速度，如图 5-37 所示。

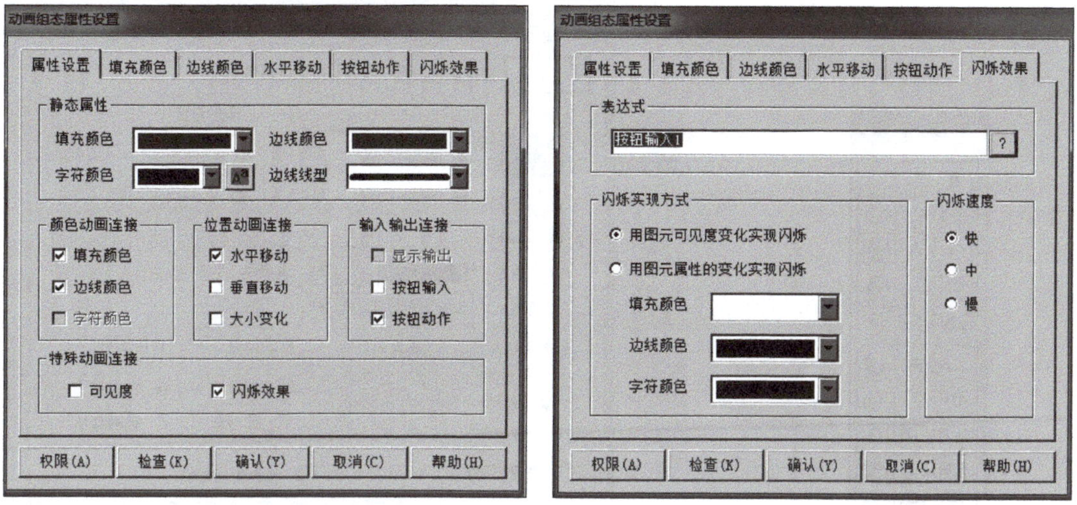

(a) 勾选“闪烁效果”　　(b) 设置“闪烁效果”参数

图 5-36　特殊动画连接——闪烁效果设置 1

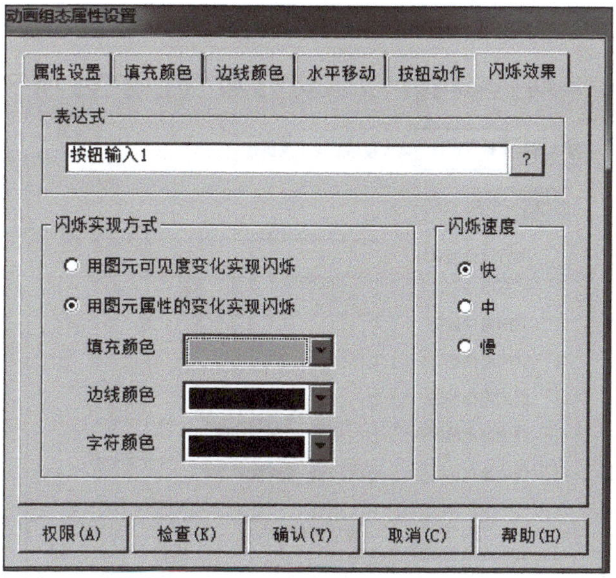

图 5-37　特殊动画连接——闪烁效果设置 2

5.2.4　MCGS 中的标准按钮

MCGS 的工具箱如图 5-38 所示。

1. “基本属性”功能页：设置标准按钮构件的外观显示属性，如图 5-39 所示。

2. “操作属性”功能页：设置按钮“抬起”和“按下”两种状态的功能，如图 5-40 所示。

微课知识点 5.2
MCGS 中的
标准按钮

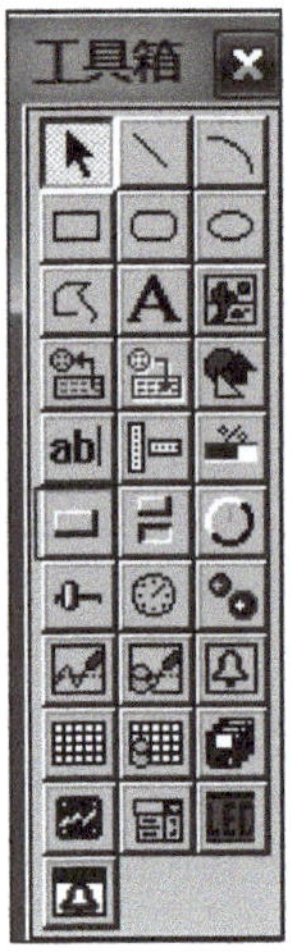

图 5-38　MCGS 工具箱

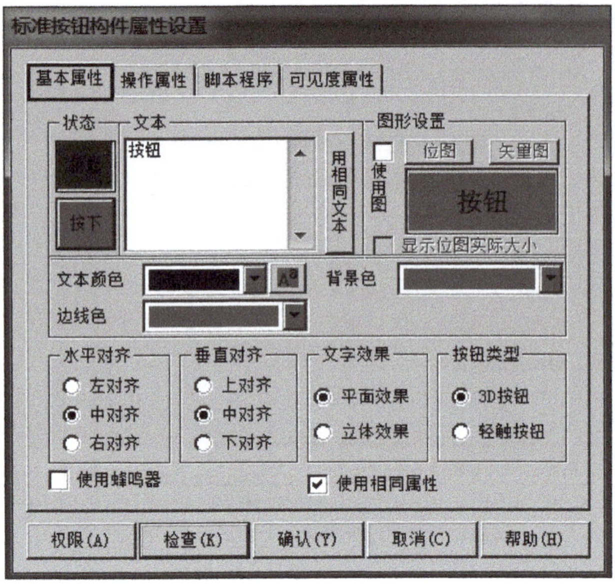

图 5-39　标准按钮构件 “基本属性” 设置功能页

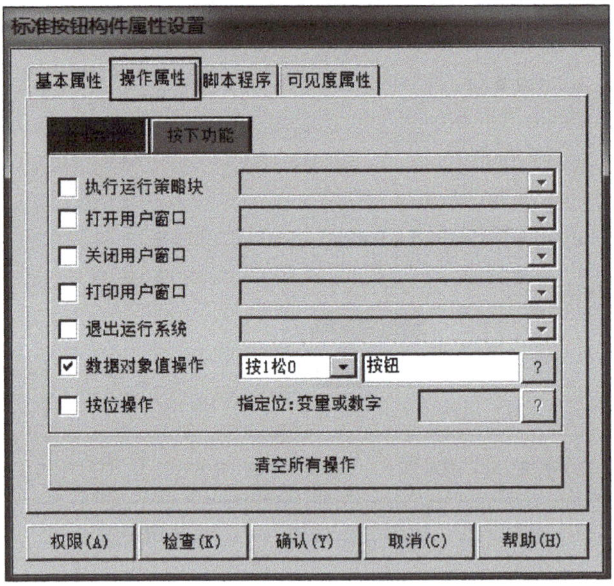

图 5-40　标准按钮构件 “操作属性” 设置功能页

3. “脚本程序” 功能页：用户可以选择在“抬起脚本” 或“按下脚本” 中编辑脚本。在工程运行时，单击一次该按钮，可触发系统执行一次对应的脚本函数，如图 5-41 所示。

4. “可见度属性” 功能页：当表达式为非零时，设置 “按钮可见” 或“按钮不可见”，如图 5-42 所示。

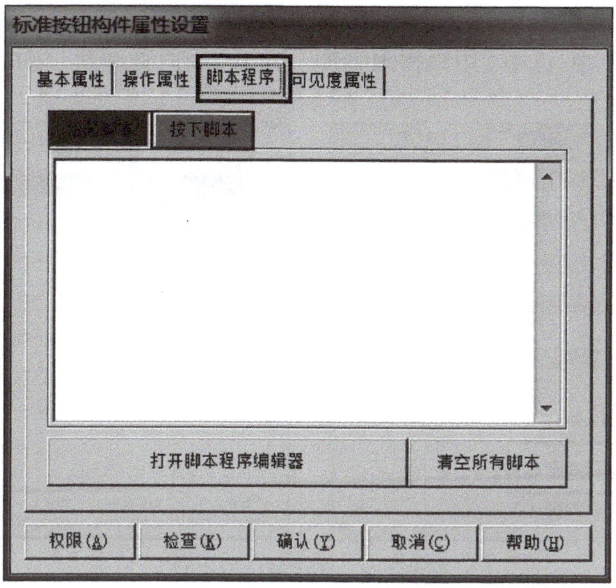

图 5-41　标准按钮构件“脚本程序”设置功能页

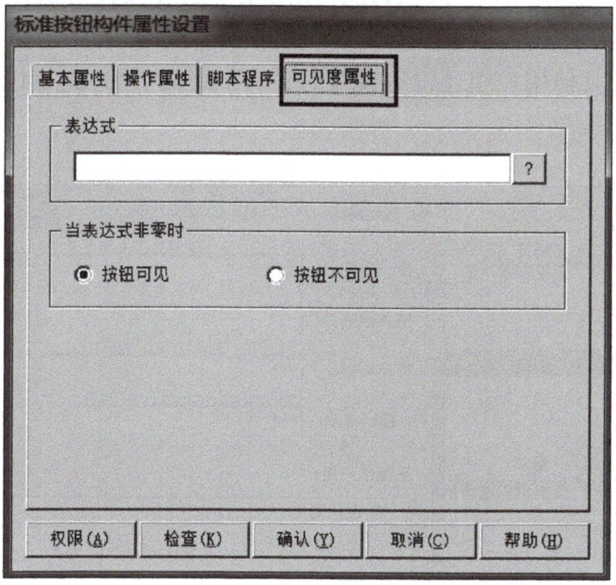

图 5-42　标准按钮构件“可见度属性”设置功能页

5.2.5　用户登录与退出

设置用户登录与退出的主要目的是为了进行权限管理及安全保护，不同级别的用户可以有不同的操作权限。例如，普通操作员只能查看数据和执行基本控制功能，而工程师或管理员可以修改组态设置、配置系统参数等。登录验证确保只有授权用户才能访问系统，这有助于防止未授权的操作导致数据损坏或出现其他问题，提高系统的安全性。

1. 用户权限管理设置

在工具下拉菜单中，选中“用户权限管理”，弹出“用户管理器”窗口，如图 5-43 所示。

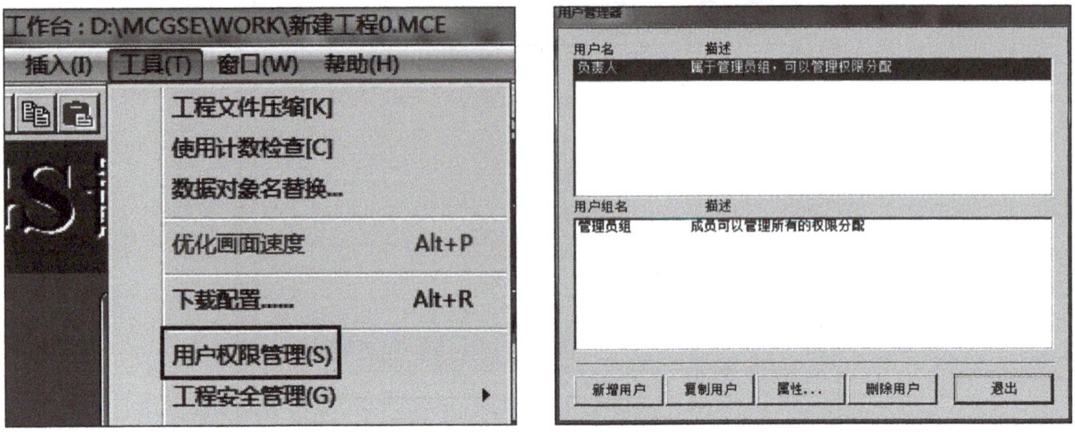

图 5-43　用户管理器窗口

当鼠标选中“用户名”区域的“负责人”（变为蓝色）时，在用户管理器下方出现“新增用户”按钮，点击“新增用户”按钮，在弹出的用户属性设置对话框中设置用户名及用户密码，如果此时用户组已设置完成，可以同时将用户添加到用户组。如图 5-44 所示，只有一个管理员组，其他用户组还没有设置时，用户添加到用户组可以在设置用户组时再添加。

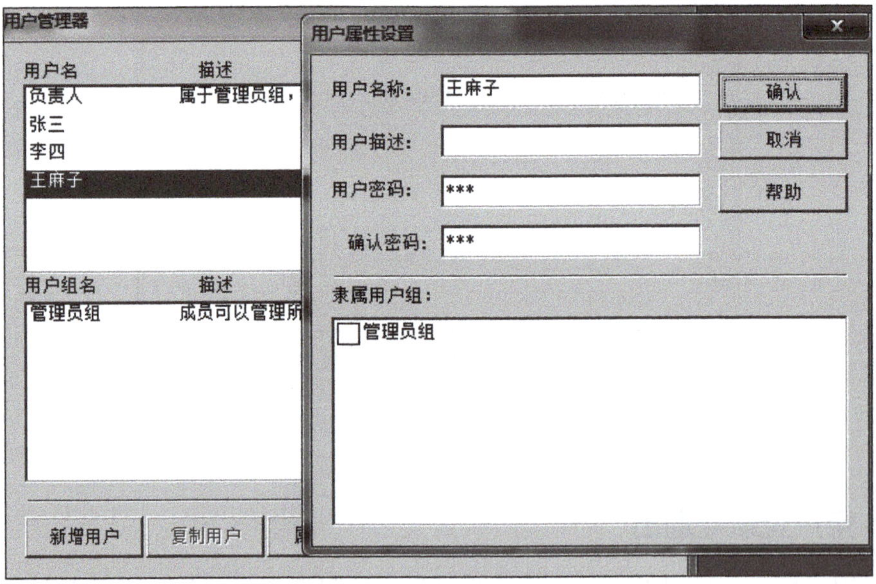

图 5-44　用户设置

当鼠标选中“用户组名”区域的“管理员组”（变为蓝色）时，在用户管理器下方出现“新增用户组”按钮，点击“新增用户组”按钮，在弹出的“用户组属性设置”对话框中设置用户组及添加该组用户成员。如图 5-45 所示，新增用户组“操作员”，在该组下添加了张三、李四、王麻子三个组员。

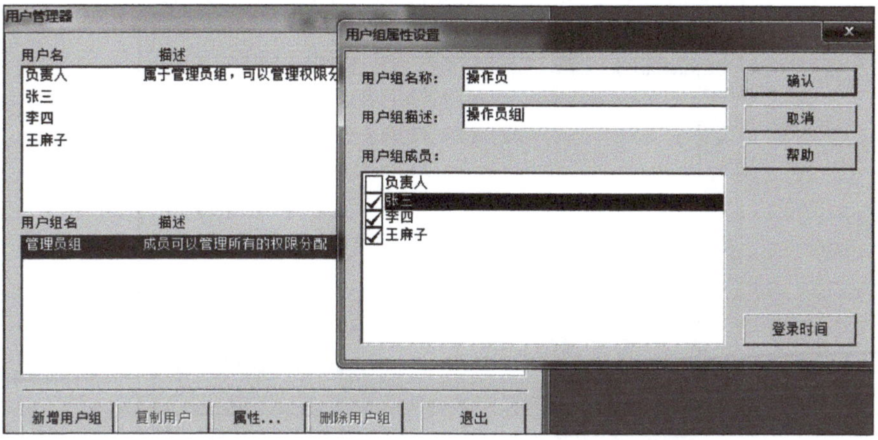

图 5-45 用户组设置

2. 运行权限设置

用户及用户组设置完成后，在用户组态窗口 0 中组态两个标准按钮，一个为用户登录按钮，一个为退出登录按钮，如图 5-46 所示。

双击“用户登录”按钮，进入“标准按钮构件属性设置”窗口→选中“脚本程序”页→单击“按下脚本”（即在按下用户登录按钮时，执行其脚本程序）→单击“打开脚本程序编辑器”，进入“脚本程序编辑”窗口，在右边的“系统函数”中选中弹出登录对话框窗口函数“! LogOn”，如图 5-47 所示。设置完成，如图 5-48 所示。

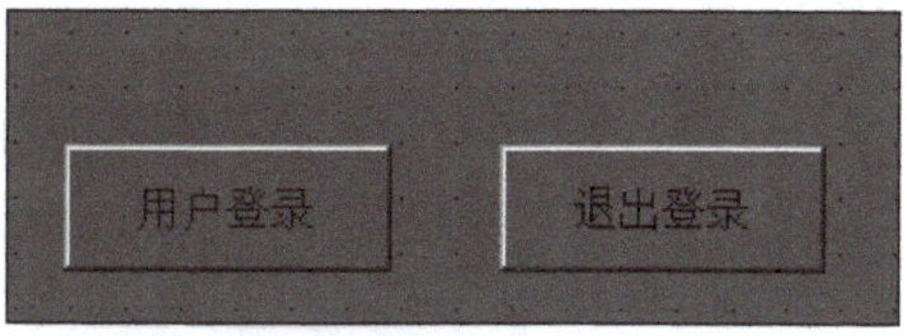

图 5-46 用户登录与退出组态

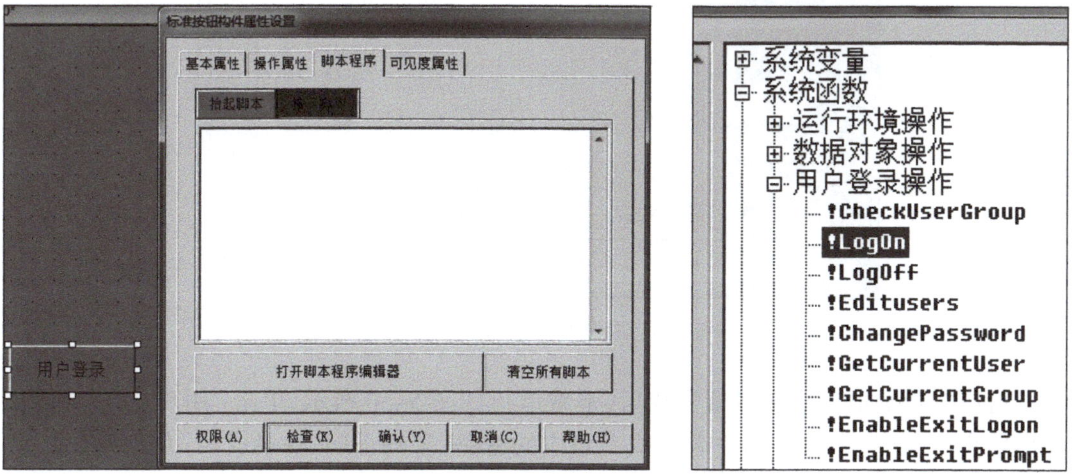

图 5-47 打开脚本程序编辑器

图 5-48　用户登录按钮脚本程序编写

双击“退出登录”按钮，进入“标准按钮构件属性设置”窗口→选中“脚本程序”页→单击“按下脚本”→单击“打开脚本程序编辑器”，进入“脚本程序编辑”窗口，在右边的“系统函数”中选中注销当前用户函数“! LogOff( )”，确定后设置完成，如图 5-49 所示。

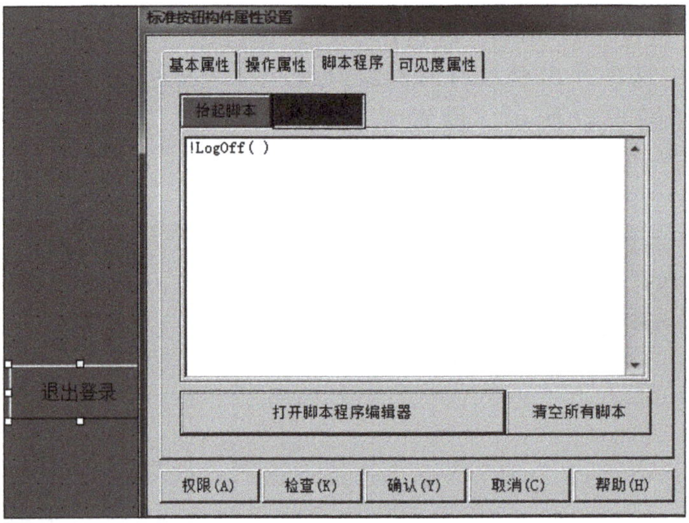

图 5-49　退出登录按钮脚本程序编写

用户登录及退出登录设置完成后，下载运行如图 5-50 所示，单击“用户登录”按钮，弹出用户登录界面，选择用户名和输入对应的密码，密码正确，登录成功；如果密码不正确，将弹出提示信息，如图 5-51 所示。

图 5-50　用户登录界面

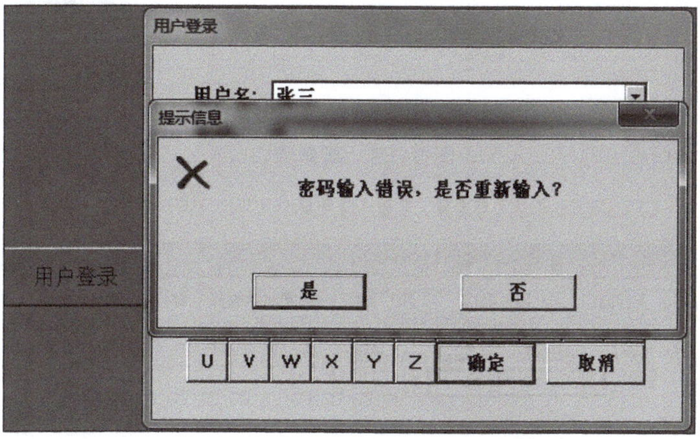

图 5-51　用户密码错识提示信息

用户要退出登录时，点击“退出登录”按钮，弹出用户退出登录提示信息，单击“是”后即退出了用户登录，如图 5-52 所示。

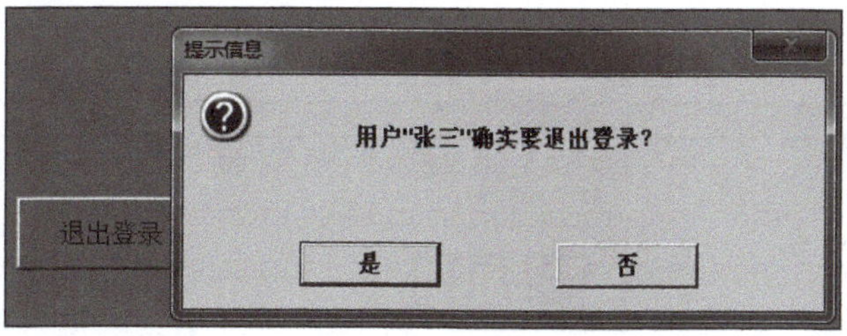

图 5-52　用户退出登录提示信息

常用的用户登录操作函数除了弹出登录对话框窗口函数“! LogOn( )”和注销当前用户函数“! LogOff( )”外，还有以下两个函数：

（1）修改当前登录的用户密码：! ChangePassword( )

（2）读取当前登录用户的用户名：! GetCurrentUser( )

3. 操作权限管理

操作权限的管理是对用户权限的应用。以下以应用用户权限打开对应窗口为例说明。

在“用户窗口”中新建窗口 1 至窗口 3，如图 5-53 所示；并设置窗口 0 为“启动窗口”，如图 5-54 所示。为了区分是打开的哪个窗口，在对应窗口中输入对应文本，如窗口 1 中输入文本“窗口 1”，如图 5-55 所示。

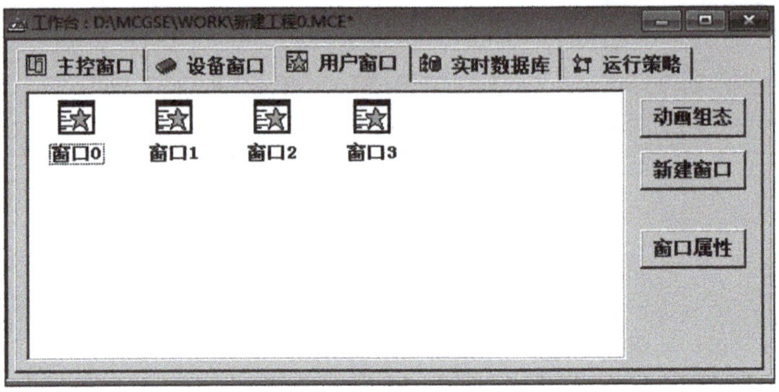

图 5-53　新建窗口

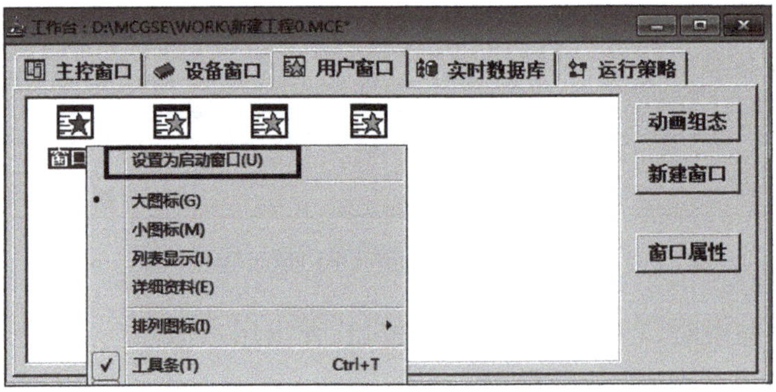

图 5-54　设置启动窗口

图 5-55　设置窗口文本

在窗口 0 中组态 3 个标准按钮:“打开窗口 1”、“打开窗口 2”和“打开窗口 3”,如图 5-56 所示。

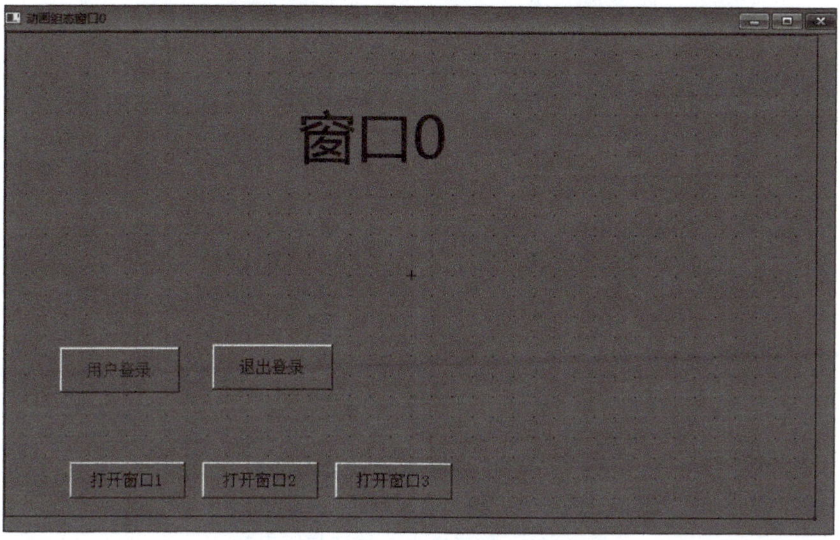

图 5-56　设置打开窗口窗口按钮

双击“打开窗口 1 按钮”,在弹出的“标准按钮构件属性设置”对话框中,勾选“打开用户窗口”,在其右边选择“窗口 1”,并且单击左下角的“权限”按钮,在弹出的“用户权限设置”中勾选“所有用户”,如图 5-57 所示。勾选“所有用户”表示任何用户登录,都可以通过按下“打开窗口 1”按钮打开窗口 1。

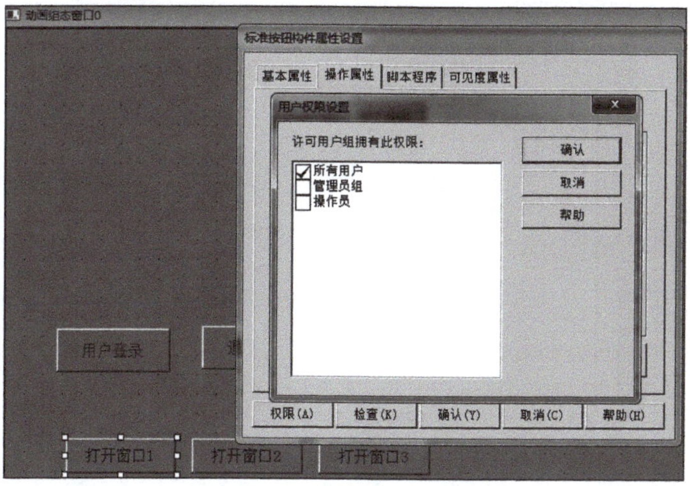

图 5-57　按钮权限设置

打开窗口 2 按钮设置:勾选“打开用户窗口”,在其右边选择“窗口 2”;权限设置为“操作员”,如图 5-58 所示,即只有操作员组才能打开窗口 2。

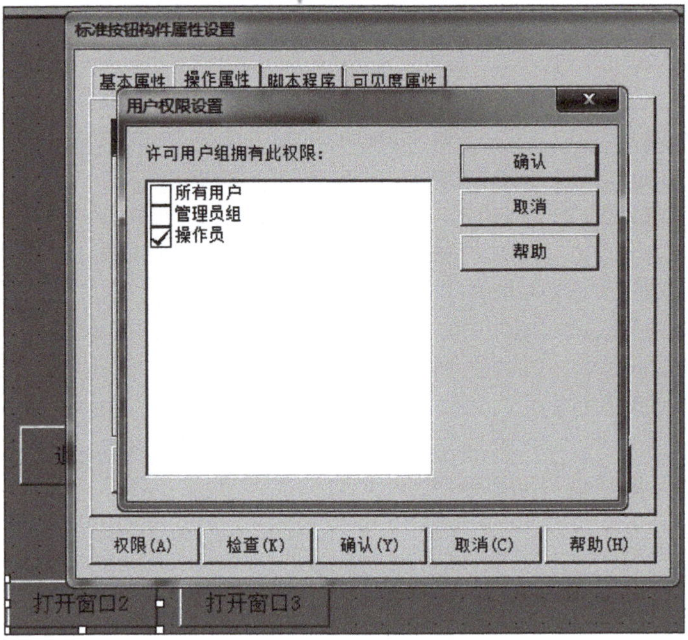

图 5-58　打开窗口 2 按钮权限设置

打开窗口 3 按钮设置：勾选“打开用户窗口”，在其右边选择“窗口 3”；权限设置为“管理员组”，如图 5-59 所示，即只有管理员组的负责人才能打开窗口 3。

图 5-59　打开窗口 3 按钮权限设置

4. 系统管理权限

系统管理权限设置，用于设置系统登录用户的权限。

进入主控窗口，选中“主控窗口”图标，单击“系统属性”按钮，进入“主控窗口属性设置”对话框。

在“基本属性”选项卡中，单击“权限设置”按钮，打开“用户权限设置”对话框，在“许可用户组拥有此权限”列表中，选中“管理员组”复选框，单击“确认”按钮，返回“主控窗口属性设置”对话框，如图 5-60 所示。

在“基本属性”选项卡，按图 5-61 所示选择“进入登录，退出不登录”，单击确认按钮，系统权限设置完毕。

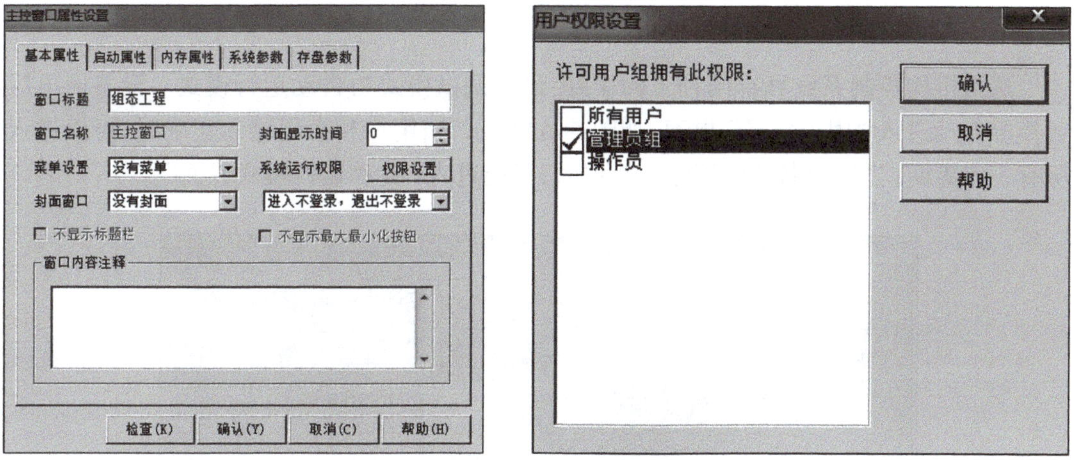

图 5-60　系统权限设置

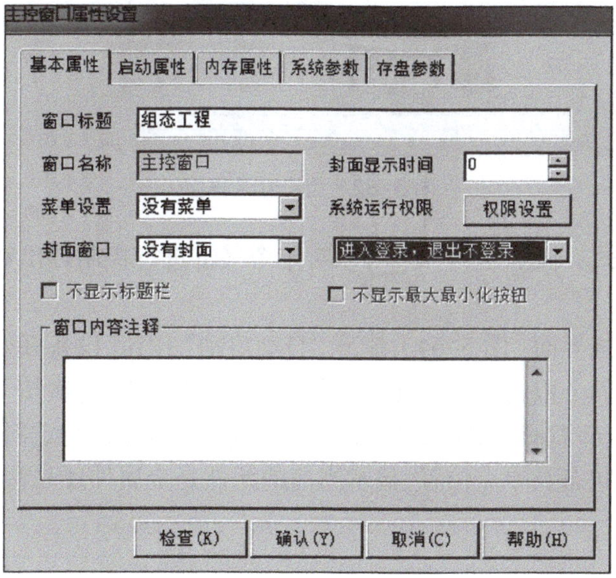

图 5-61　系统登录、退出设置

微课知识点 5.3
MCGS 中的
标签构件

微课知识点 5.4
MCGS 中的
输入框构件

5.3 工作页

5.3.1 任务描述

选料机构控制系统具有两种工作模式，设备调试模式与自动运行模式。设备通电后触摸屏自动进入“用户登录”界面，如图 5-62 所示，当用户和密码输入正确时，可以进入所有工作界面；当用户名和密码输入错误时，只能进入“自动运行模式界面”。

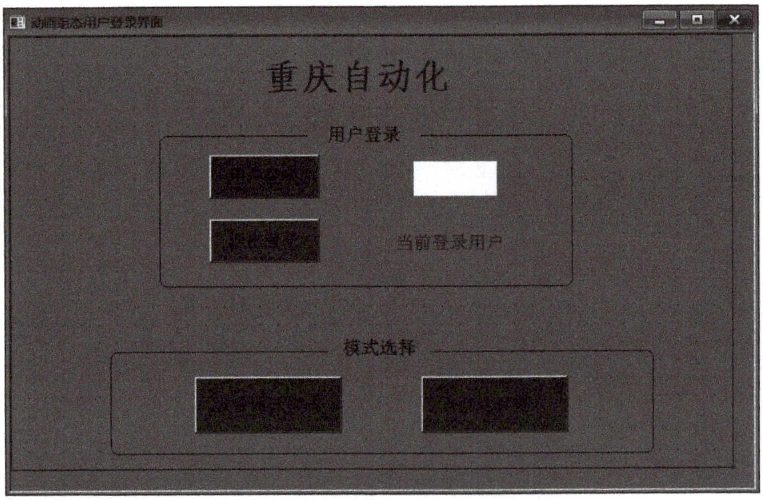

图 5-62　用户登录界面

在设备调试模式界面（图 5-63），可以对单个气缸进行控制伸出和缩进，对工作台进行左行和右行控制。

在自动运行模式界面（图 5-64），按下“自动启动”按钮，设备开始自动运行选料，统计金属件和塑料件的个数；按下“停止”按钮，系统停止工作，再次按下启动按钮，系统先回原点（3 个气缸全部缩回、工作台处于位置 1），再开始自动运行选料。界面实时显示各气缸与工作台工作状态及原点位置，显示当前的元件是金属件还是塑料件。料仓内无料时显示料盒空。

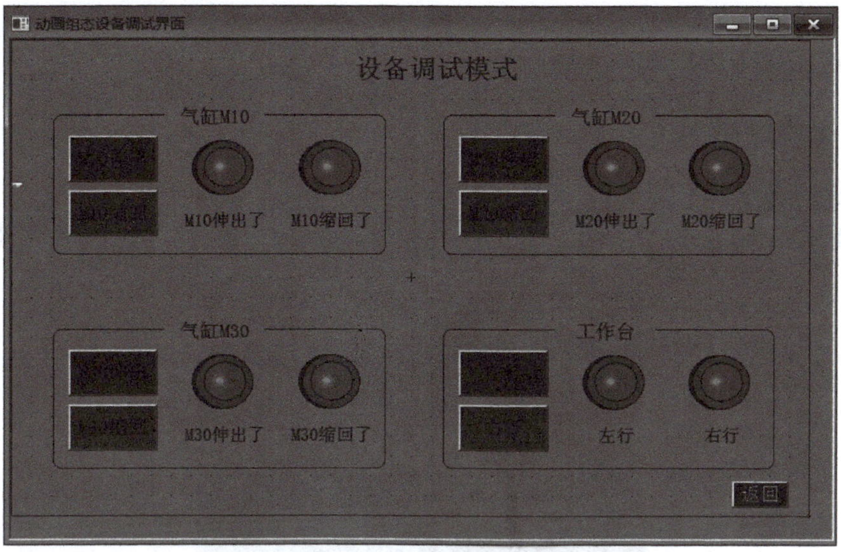

图 5-63　设备调试模式界面

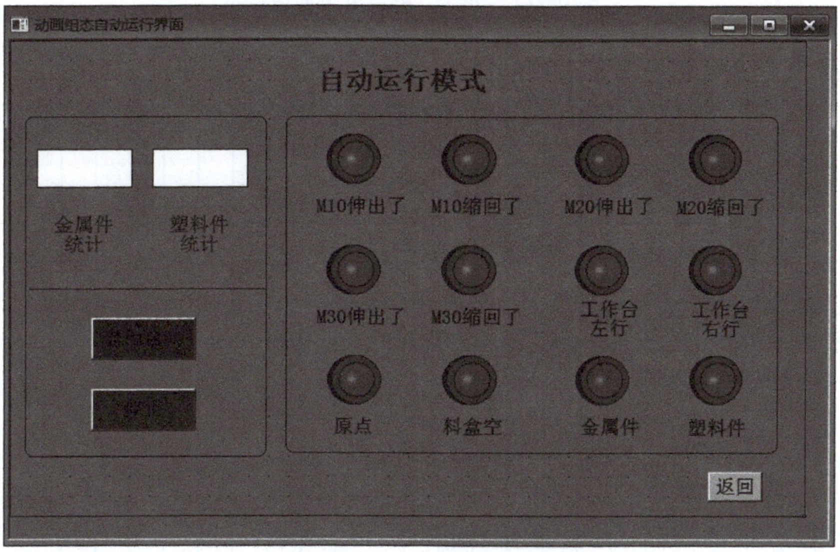

图 5-64　自动运行模式界面

5.3.2　任务要求

请按以下步骤完成工作任务。

（1）完成任务引导中的相关问题；

（2）根据任务描述，在项目 2 的基础上按图 5-62、图 5-63、图 5-64 选料机构触摸屏参考组态画面进行画面组态；

（3）下载工程画面到触摸屏；

（4）编写 PLC 控制程序并调试；

（5）系统调试；

（6）产品移交。

5.3.3 工作过程

1. 任务引导

引导问题 1：如图 5-65 所示为 MCGS 触摸屏背面，请指出各端口名称及功能。

图 5-65　MCGS 触摸屏背面接口

引导问题 2：简述 MCGS 组态画面设计流程。

引导问题 3: 简述 MCGS 组态软件五大组成部分。

引导问题 4: MCGS 定义的变量有哪几种类型?

引导问题 5: 简述触摸屏 IP 设定方法。

引导问题 6: 简述触摸屏工程下载流程。

引导问题 7: 简述 MCGS 触摸屏校准流程。

2. 工作计划

(1) 填写分工表

根据任务要求,由组长组织小组成员讨论,合理分工,并填写表 5-3。

表 5-3　任务分工

序号	组员姓名	组员任务分工	备注

（2）填写小组成员工作计划表

根据小组成员任务分工，对任务内容进行细化，提出工作要求和完成工作时间，制订对应的工作计划，并完成表 5–4。

表 5–4　工作计划

序号	工作内容	完成时间	工作要求	负责人	备注

（3）列出工具、仪表、器材清单

根据完成任务内容，统计完成任务所需的工具、仪表和器材，并填写表 5–5—表 5–7。

表 5–5　工具统计

序号	名称	型号	规格	数量	备注

表 5–6　仪表统计

序号	名称	型号	规格	数量	备注

表 5-7 器材统计

序号	名称	型号	规格	数量	备注

（4）成本预算

明确企业生产涉及的成本因素，有利于过程质量管理，在表 5-8 中列举电气设备生产加工涉及的成本因素，参照规模化生产标准，查找计算办法，并向团队的其他人介绍成本计算结果。

表 5-8 成本预算

序号	项目	价格	备注

续表

序号	项目	价格	备注

（5）绘制草图

根据任务描述，绘制 MCGS 组态画面草图。

（6）规划连接

规划 HMI 与 PLC 的变量连接。

3. 生产准备

（1）检查与决策

安装控制电路前，进行关键工艺技术的检查、决策，按表 5-9 中的要点执行。

表 5-9　生产准备检查

序号	决策点	请决策	
1	触摸屏组态画面是否符合控制要求	是○	否○
2	触摸屏组态画面是否符合审美观	是○	否○
3	触摸屏连接变量是否正确	是○	否○
4	工具准备已完成	是○	否○
5	仪器准备已完成	是○	否○
6	材料准备完善、合理	是○	否○
7	工位整理已确认	是○	否○
8	元器件清查已完成	是○	否○
9	PLC 程序方案已完成	是○	否○
10	场室使用要求已明确	是○	否○
11	劳动保护达到要求	是○	否○

（2）问题记录

若准备工作存在问题，请写明原因。

4. 操作实施

按照小组制定的最佳方案进行电路的安装与调试。

（1）工作步骤1：系统安装与调试

按工艺工序计划实施控制系统安装与调试，并将结果填入表5-10中。

表5-10 系统安装与调试步骤

行动步骤	事项	用时	计划用时
1	按布局安装好触摸屏		
2	利用万用表，实施电气控制电路常规检查		
3	画面组态		
4	通电试车，调试，完成工作台定位控制功能		
5	工位整理		

（2）工作步骤 2：电气动系统关键点检查

在表 5-11 中记录常规检查的要点和结果。另需补充检测关键点可填到空白处。

表 5-11　电气动系统检查

步骤	测量项目	检查关键点	检查/测量方式	测量值	规定值	测量值正常
1	DC 24 V 电压	触摸屏电源	仪表测量			是○ 否○
2	登录画面	用户权限正常	通电功能测试			是○ 否○
3	调试画面	运行正常	通电功能测试			是○ 否○
4	自动运行画面	运行正常	通电功能测试			是○ 否○

（3）工作步骤 3：编写用户使用手册

编写用户使用手册，明确产品可能出现的操作问题及解决方法。

5. 产品移交及评价

产品安装调试完成后，学生参照表 5-12、表 5-13 指标向指导教师提交作品及资料，指导教师评价学生学习成果。

表 5–12　项目评分表

移交目录	技术要求	技术标准	分值	得分	权重
产品	元件标识	每个元件按图纸粘贴标识，标识正确、醒目	1		0.4
	连线	牢固、线头处理正确、接线正确	1		
	画面组态	完成用户登录画面、设备调试画面、自动运行画面	2		
	HMI 与 PLC 通信	完成 HMI 与 PLC 变量连接	1		
	通电测试	完成产品功能	3		
	功能描述	现场设备操作及讲解	2		
		合计 1			
技术资料	任务引导	资料完成情况	4		0.4
	工作计划	资料完成情况	3		
	生产准备	资料完成情况	1		
	任务实施	资料完成情况	2		
		合计 2			
现场	工位整理	工具摆放	5		0.2
		垃圾处理	5		
		合计 3			
总分					

6. 总结与提高

（1）工作总结

① 制作小组工作结果展示材料，进行展示汇报，总结收获、不足和改进措施。

② 记录本次工作所接触到的知识。

（2）思考与提高

在选料机构组态画面中，现需组态一报警画面，要求对工作台移动到左、右限位，料仓空进行报警，并记录报警数据。在下面空白处画出画面组态草图，记录数据变量的设置。

参考文献

[1] 廖常初.S7-300/400PLC应用技术[M].北京：机械工业出版社，2012.

[2] 李江全.组态软件MCGS从入门到监控应用35例[M].北京：电子工业出版社，2015.

[3] 李丽霞，唐春霞.图解电气气动技术基础[M].北京：化学工业出版社，2017.

[4] 何用辉.自动化生产线安装与调试[M].北京：机械工业出版社，2011.

[5] 海伯勒·格雷戈尔.机电一体化图表手册[M].周正安，译.长沙：湖南科学技术出版社，2014.

[6] 向晓汉，李润海.西门子S7-1200PLC学习手册：基于LAD和SCL编程[M].北京：化学工业出版社，2018.

[7] 卢江林，熊如意.可编程序逻辑控制器（PLC）基础与逻辑控制技术[M].北京：人民交通出版社，2022.